中国农业何以强

陈文胜　著

中国农业出版社

北京

在推进农业农村现代化的进程中，习近平总书记提出要把"中国要强，农业必须强"作为评判中国现代化发展水平的现实标准，特别强调，"没有农业现代化，没有农村繁荣富强，没有农民安居乐业，国家现代化是不完整、不全面、不牢固的"①，并在党的二十大报告中对"加快建设农业强国"进行了战略部署②。回顾历史，农业农村工作一直是贯穿于各个时期的一条历史主线，中国共产党自成立以来就始终把农业、农村、农民作为开展革命、建设、改革事业的根基，始终把农业农村农民问题作为关系党和国家前途命运的根本性问题，从而带领亿万农民开创了一条史无前例、具有中国特色的社会主义农业农村现代化道路。从党的历史进程走来，就能更好地把握第二个百年奋斗目标的时代发展主题，更好地汲取推进中国式现代化的智慧力量。

一、贯穿始终的基本问题：为农民谋幸福

在中国这样一个农民长期占人口绝大多数的历史悠久的农业国家，如何进行中国革命和社会主义的现代化建设成为中国共产党自成立以来所要面对的首要问题，也是马克思主义发展

---

① 习近平在江苏调研时强调 主动把握和积极适应经济发展新常态 推动改革开放和现代化建设迈上新台阶.《人民日报》,2014-12-15.

② 习近平.高举中国特色社会主义伟大旗帜 为全面建设社会主义现代化国家而团结奋斗——在中国共产党第二十次全国代表大会上的报告.人民日报,2022-10-26(1).

史上前所未有的全新命题。中国共产党始终把依靠农民、为亿万农民谋幸福作为责任使命。毛泽东就深刻认识到，"中国的革命实质上是农民革命"，"农民问题，就成了中国革命的基本问题，农民的力量，是中国革命的主要力量"①。正是基于这种深刻认识，他在延安窑洞里就预言：谁赢得了农民，谁就会赢得中国；谁能解决土地问题，谁就会赢得农民②。正是中国共产党领导开展的土地革命，在中国历史上首次实现了耕者有其田的梦想，赢得了最广大农民的真心拥护支持，在实践中印证了"江山就是人民，人民就是江山"的历史规律，从而开辟了农村包围城市的革命道路。陈毅元帅曾深情地感叹，淮海战役的胜利就是农民用小车推出来的。可以说，没有广大农民的真心拥护支持，就难以取得中国革命的胜利。新中国成立后，中国共产党又带领人民进行了农村社会主义集体化以实现农民共同富裕的艰辛探索。

党的十一届三中全会推进的农村改革拉开了改革开放的大幕，其中最基本的经验就是尊重农民的首创精神，不断给予农民更多的生产自主权，让农民自己干出一条新路来。邓小平就特别指出，"农村搞家庭联产承包，这个发明权是农民的。农村改革中的好多东西，都是基层创造出来，我们把它拿来加工提高作为全国的指导。"③ 无论是安徽小岗村的"大包干"，还是广西合寨村的"村委会"选举，或是华西村的乡镇企业，正是把权力下放给农村基层和农民，推动了农村经济社会发展一次又一次的变革。

---

①　毛泽东选集(第2卷).北京:人民出版社,1991:692.
②　洛易斯·惠勒·斯诺.斯诺眼中的中国.北京:中国学术出版社,1982:47.
③　邓小平文选(第3卷).北京:人民出版社,1993:382.

从新的历史方位出发，习近平总书记提出了"小康不小康，关键看老乡"的全新判断，来突出农民在全面建成小康社会中的主要地位。随着农民的绝对贫困问题首次得到历史性解决，中国社会进入了全面推进乡村振兴的新发展阶段，农民问题依然是实现第二个百年奋斗目标的头等难题。习近平总书记多次强调要坚持农民主体地位，要尊重广大农民意愿，激发广大农民积极性、主动性、创造性，激活乡村振兴内生动力，让广大农民在乡村振兴中有更多获得感、幸福感、安全感①。推进中国式现代化，就必须把以人民为中心这一最具基础性、广泛性的发展思想落实到乡村振兴的农民主体地位上来，从而全面解放农村生产力中"人"这个最具有决定性的力量和最活跃的因素，最大限度地激发农民的主体作用，激发乡村的内在活力，实现农民富裕富足。

党的二十大报告提出："全过程人民民主是社会主义民主政治的本质属性"，"基层民主是全过程人民民主的重要体现"。因此，一方面，需要以农民增收为核心建立农村改革的赋能政策体系，使农民生活走向富裕。另一方面，需要深入贯彻以人民为中心的发展思想，保障和支持农民在乡村社会当家作主，确保公共产品与公共服务的供给服从农民需要、交由农民决定，使"江山就是人民，人民就是江山"直接体现到农村基层政治生活和社会生活之中。

二、贯穿始终的战略底线：巩固农业基础地位

马克思曾言："超过劳动者个人需要的农业劳动生产率，是

---

① 习近平.把实施乡村振兴战略摆在优先位置 让乡村振兴成为全党全社会的共同行动.人民日报,2018-07-06(1).

一切社会的基础。"① 人多地少的小农大国国情决定了农业基础地位在中国要远比世界上其他国家具有更为重要的战略意义。中国共产党在抗日战争时期已经认识到农业发展对于夺取革命胜利的重要性，从而开展了"自己动手，丰衣足食"的大生产运动。在新中国成立后，毛泽东提出了"以农业为基础"的方针，亲自主持制定了农业发展纲要，提出以"以粮为纲，全面发展"的要求；中共中央发出文件强调"农业是国民经济的基础，粮食是基础的基础"②，全党最终形成了农业是国民经济基础的基本共识。

改革开放后邓小平明确提出，农业的发展是整个国民经济的关键，必须把农业作为实现现代化的战略重点，"不管天下发生什么事，只要人民吃饱肚子，一切就好办了"③。因此，党的十五大强调要"坚持把农业放在经济工作的首位"④，明确工业化、城镇化越发展，越要加强农业基础地位。到2003年召开的中央农村工作会议，首次提出"把解决好农业、农村和农民问题作为全党工作的重中之重"⑤，标志着农业的基础地位成为贯穿于整个新世纪的中国现代化战略底线。也正是由于从根本上解决了"谁来养活中国"的问题，才有了今天跟西方世界平等对话的资格和底气。

党的十八大以来，党中央坚持把解决好吃饭的问题作为治

① 马克思恩格斯全集(第25卷下册).北京:人民出版社,2001:885.
② 中共中央文献研究室.中共中央关于全党动手,大办农业,大办粮食的指示//建国以来重要文献选编(第十三册).北京:中央文献出版社,2011:456.
③ 邓小平.邓小平文选(第2卷).北京:人民出版社,1994:406.
④ 江泽民.高举邓小平理论伟大旗帜,把建设有中国特色社会主义事业全面推向二十一世纪——在中国共产党第十五次全国代表大会上的报告.人民日报,1997-09-22.
⑤ 中共中央文献研究室.十六大以来重要文献选编(上).北京:中央文献出版社,2005:113.

国理政的头等大事，以推进农业供给侧结构性改革为主线，持续释放出重农强农的强烈信号。习近平总书记反复强调，作为全球人口大国，"解决好吃饭问题始终是治国理政的头等大事"①。他进一步提出，农业主要矛盾已经由总量不足转变为结构性矛盾，"推进农业供给侧结构性改革，提高农业综合效益和竞争力，是当前和今后一个时期我国农业政策改革和完善的主要方向"②。这是应对中国农业发展进入了新历史阶段的一个重大科学判断。在向第二个百年奋斗目标迈进的历史关口，农业基础地位的这种强国民生存之根、固国家经济之本、增国际竞争之力的战略作用更加突出③，农业的国民经济基础地位更加不可动摇。

按照党的二十大报告中关于建设农业强国的要求，要把实现农业高质高效的农业供给侧结构性改革作为实施乡村振兴战略首要任务，推动质量兴农、绿色兴农、品牌强农，实现农业发展质量变革、效率变革、动力变革，需要在生产环节提高农产品品种质量，在加工环节提升农产品市场价值，在销售环节畅通农产品流通渠道，在农业现代化高质量发展上迈出新步伐。

三、贯彻始终的工作主线：处理好工农城乡关系

正确认识和处理好工农城乡关系，始终是中国革命和现代化的时代主题与主线。在新民主主义革命时期，巩固工农联盟是党取得革命

---

① 中共中央文献研究室.十八大以来重要文献选编（上）.北京：中央文献出版社，2014：659.

② 习近平李克强张德江俞正声刘云山王岐山张高丽分别参加全国人大会议一些代表团审议.人民日报，2016-03-09.

③ 朱有志，陈文胜.新时期国家粮食安全必须应对新挑战.光明日报，2013-05-25(7).

胜利的基本经验。毛泽东指出，为了革命战争的胜利，必须巩固工人和农民的联盟，巩固工农民主专政。中华苏维埃第一次全国代表大会通过的《宪法大纲》规定："中国苏维埃政权所建设的是工人和农民的民主专政的国家"。新中国成立后，"工人阶级领导的、以工农联盟为基础的人民民主专政"就成为社会主义中国的根本政治制度。在《论十大关系》中，毛泽东强调"工农业并举"，提出了"以农业为基础、以工业为主导"的"中国式工业化道路"①。这是中国探索社会主义工业化道路的深化，是社会主义工农城乡关系的理论新突破。

党的十一届三中全会召开后，改革首先指向了中国的农村，主要是全面调整工农城乡关系，其中最大的突破是取消统购统销，允许农民进城，从而打开了隔离城乡流动的闸门。党的十六大正式提出统筹城乡经济社会发展的基本方略，党的十六届三中全会首次提出了"建立有利于逐步改变城乡二元结构的体制"，党的十六届四中全会提出"两个趋向"的重大历史论断，明确了中国社会已经进入"工业反哺农业、城市支持农村"的发展阶段②，标志着中国工农城乡关系的历史转轨。党的十六届五中全会提出"建设社会主义新农村"的战略构想，开启了城乡基本公共服务均等化的历史进程。特别是随着农业税的取消，宣告了延续两千多年以农养政、以农补工、以乡补城的"皇粮国税"历史的正式终结，成为中国工农城乡关系发展史上的伟大里程碑。党的十七大首次提出"城乡一体化"，明确要求建立以工促农、以城带乡的长效机制③，这是党的历史上第一次对构建什么样的工农城乡关系有了一个更加具体的目标和任务。

基于对现代化发展到一定阶段的工农城乡关系的深刻认识和准确

---

① 毛泽东文集(第7卷).北京:人民出版社,1999:241.

② 中共中央文献研究室.十六大以来重要文献选编(中).北京:中央文献出版社,2006:311.

③ 胡锦涛.高举中国特色社会主义伟大旗帜 为夺取全面建设小康社会新胜利而奋斗——在中国共产党第十七次全国代表大会上的报告.人民日报,2007-10-25.

把握，党的十八大提出"城乡一体化"目标下的工农城乡关系是"以工促农、以城带乡、工农互惠、城乡一体"。习近平总书记在十八届三中全会上进一步指出，"城乡二元结构是制约城乡发展一体化的主要障碍"①。党的十九大报告首次提出实施乡村振兴战略，明确提出农业农村优先发展和城乡融合发展，实现了从优先满足工业化和城镇化到优先满足农业农村发展的又一个工农城乡关系历史转轨。2018年中央一号文件首次提出加快形成的新型工农城乡关系是"工农互促、城乡互补、全面融合、共同繁荣"②。这是对中国现代化进程中的社会发展趋势与工农城乡关系作出的一个划时代战略判断，从而回答了要建立什么样的新时代中国特色社会主义的工农城乡关系与怎样建立新时代中国特色社会主义的工农城乡关系，标志着中国社会发展正在向现代化更高级阶段演进。

随着"三农"工作重心的历史性转移，习近平总书记指出，全面建设社会主义现代化国家，实现中华民族伟大复兴，最艰巨最繁重的任务依然在农村，最广泛最深厚的基础依然在农村③。2021年中央一号文件又进一步明确提出"民族要复兴，乡村必振兴"这样一个时代主题④。党的二十大报告再次强调，"坚持农业农村优先发展，坚持城乡融合发展，畅通城乡要素流动。加快建设农业强国，扎实推动乡村产业、人才、文化、生态、组织振兴。"

在全面现代化的进程中，"农村现代化既包括'物'的现代化，也包括'人'的现代化，还包括乡村治理体系和治理能力的现代化。我们要坚持农业现代化和农村现代化一体设计、一并推进，实现农业

---

① 中共中央文献研究室.十八大以来重要文献选编(上).北京:中央文献出版社,2014:523.

② 中共中央 国务院关于实施乡村振兴战略的意见.人民日报,2018-02-05.

③ 习近平.论把握新发展阶段、贯彻新发展理念、构建新发展格局.北京:中央文献出版社,2021:463.

④ 中共中央 国务院关于全面推进乡村振兴加快农业农村现代化的意见.人民日报,2021-02-22.

大国向农业强国跨越"①。因此，需要以深化改革为动力，推进高质量发展，实现高效能治理，发展高品质生活，全面建立健全城乡收入分配体系、乡村服务体系、城乡人居分布体系、乡村社会保障体系，从而进一步破解城乡二元结构，让广大农民共享更加广泛和公正的城乡权益，让全社会在乡村振兴的共同行动中共享乡村振兴的成果，使乡村振兴的"同心圆"成为优化资源要素与集聚社会力量的转换器②，在构建农业农村现代化新发展格局上谱写新篇章。

---

① 中共中央党史和文献研究院.习近平关于"三农"工作论述摘编.北京:中央文献出版社,2019:45.

② 奉清清.进入向乡村振兴全面推进的新发展阶段——访省委农村工作领导小组三农工作专家组组长、湖南师范大学中国乡村振兴研究院院长陈文胜.湖南日报,2021-02-23(08).

目 录
CONTENTS

第一章 | CHAPTER 1
如何评价大国农业的中国之问

党的十九大作出了实施乡村振兴战略的重大决策部署，而农业是乡村的本质特征，乡村最核心的产业是农业。习近平总书记不仅以强调"中国要强，农业必须强"，来突出表明"强不强"的农业在乡村振兴中的战略地位，而且在参加十三届全国人大二次会议河南代表团的审议时，进一步提出要扛稳粮食安全这个重任，明确要求把确保重要农产品特别是粮食供给，作为实施乡村振兴战略的首要任务①。粮食稳则天下安，特别是在当前复杂特殊的经济形势下，农业作为中国现代化的"压舱石"，党的二十大报告明确提出，"全方位夯实粮食安全根基"，"确保中国人的饭碗牢牢端在自己手中"。只有这样才能从根本上把握主动权，有效应对各种风险挑战，确保中国经济社会大局稳定。因此，如何研判中国农业的发展现状，形成大国小农关于农业发展的社会共识，影响着中国全面现代化进程中的战略方向。

一、钱不能当饭吃：如何看待大国农业的核心问题

农业是最古老的产业，与大国的兴衰息息相关。民以食为天，农业与每一个人的日常生活紧密相连，是全社会普遍关注的热点问题。近几十年来，中国农业发生了翻天覆地的变化，几十年前的农民没有

---

① 习近平李克强王沪宁韩正分别参加全国人大会议一些代表团审议.人民日报，2019-03-09(1).

择业权、没有销售自己产品的权利，终生困守于土地，国家也将建设重点放在城市和工业，所有农村的建设包括人民公社时代的水利与乡村基础设施建设，都是农民自己集资带粮出力；而现在的农民逐渐成为可以在城乡间流动的"自由人"，乡村公路、水利以及大多数基础设施建设都是政府投资而不再主要由农民掏钱。曾经中国人口只有几亿却有不少人饿肚子，粮食连数量都无法满足；现在有 14 亿多人口却农产品供给充足，各类农产品应有尽有，不仅要"舌尖上的安全"，还要"舌尖上的美味"。曾经农业主要靠人力牛力，占全国 82% 的近 8 亿农村人口从事农业生产，养活 9 亿多人；现在不少偏远山区的耕作与收割都机械化了，农业的劳动强度前所未有地降低，在耕地面积大幅下降的情况下，只占全国 40% 多（不到 6 亿）的农村人口从事农业生产，养活近 14 亿人口[①]。改革开放的 40 多年来，在人口增加 44.4%（根据官方统计数据显示，1978 年人口为 9.6 亿）、可耕地面积每年减少 450 万亩的情况下[②]，农业国内生产总值年均增长 4.6%，远高于同期人口年均 0.93% 的增长率，用只占世界 5% 的淡水资源和 9% 的可耕地，到 2016 年还能为 18.5%（13.8 亿）的世界人口提供高达 95% 的粮食，到 2016 年总量超过 2.81 亿的农民工进入非农就业[③]，成为中国推进工业化、城镇化的基本前提。

今天的中国是如何来养活 14 亿人的呢？剑桥大学博士 Janus Dongye 有一篇非常火爆的文章——《近 14 亿人的口腹之欲，是如何被满足的？》。根据该文的统计：中国每年消费 6 500 万吨海鲜，占全球总量的 45%，只有 1 500 万吨是捕捞的，其余 5 000 万吨都来自水产养殖农场；中国每年莲藕产量达 1 100 万吨，占全球总产量 90%，出口量占全球 60%；中国是世界头号菜籽油生产国，产量占全球总

①　陈文胜. 中国农民干不过荷兰农民是个伪命题. 农民日报,2019-06-19.

②　近14亿人的口腹之欲,是如何被满足的?中国新闻网[2019-05-12],http://www.chinanews.com/gn/2019/05-12/8834424.shtml.

③　黄季焜. 四十年中国农业发展改革和未来政策选择.农业技术经济,2018(03).

量的 22％；中国蜂蜜产量占全球 30％，美国消费的蜂蜜有 1/3 直接或间接来自中国；中国是世界最大的葡萄生产国，产量占全球 19.1％；中国每年番茄产量达 5 630 万吨，出口量占全球 1/3[①]。

据联合国粮农组织的数据，2017 年全球粮食产量约为 26.27 亿吨。产粮在 1 亿吨以上的国家有 5 个，美国占世界 13％的耕地，年生产粮食 5 亿吨；印度占世界 11％的耕地，年生产粮食 2.8 亿吨；巴西占世界 4％的耕地，年生产粮食 2.4 亿吨；俄罗斯占世界 8％的耕地，年生产粮食 1.3 亿吨。而中国以占世界 9％的耕地、5％的淡水资源，粮食产量 2017 年却达到 6.18 亿吨，为世界粮食总产量的 23.5％，养育了占世界 20％的人口，从当年 4 亿人吃不饱到今天 14 亿多人吃得好，有力回答了"谁来养活中国"的问题。

中国的人口是美国的 4 倍，拥有的耕地面积却远远不及美国，再加上丘陵、山区的耕地面积占据很高的比例，这些地区大部分不适合大型农业机械和规模化生产，由此造成中国农业现代化水平远远落后于美国。尽管如此，中国不仅产粮量位居世界榜首，而且产肉量是世界第一、产鱼量是世界第一、产棉量是世界第一、产食用油量是世界第一、产羊量是世界第一、果蔬生产量是世界第一。与公认的全球农业强国美国相比，中国绝大多数农产品产量均处于领先地位。如 2018 年全球猪肉产量 1.11 亿吨，中国 0.54 亿吨，占比 49％，美国 0.096 亿吨，占比 8.6％。2018 年全球羊肉产量 1 506 万吨，中国 475 万吨，占比 31.5％，美国 7 万吨，占比 0.5％。2018 年全球蔬菜产量 13.8 亿吨，中国 8.16 亿吨，占比 59.1％；美国 0.39 亿吨，占比 2.8％。2018 年全球水产品产量 2.11 亿吨，中国 0.65 亿吨，占比 30.8％。美国 0.054 亿吨，占比 2.6％。2018 年全球水果产量 7.68 亿吨，中国 2.61 亿吨，占比 34％，美国 4 200 万吨，占比 5.5％。

---

① 近14亿人的口腹之欲,是如何被满足的?中国新闻网,2019-05-12,http://www.chinanews.com/gn/2019/05-12/8834424.shtml.

2018 年全球禽蛋产量 7 650 万吨，中国 3 128 万吨，占比 40.9％，美国 688 万吨，占比 9％。2018 年全球棉花产量 2 585 万吨，中国 610 万吨，占比 23.6％，美国 405 万吨，占比 15.7％。2018 年全球茶叶产量 580 万吨，中国 261 万吨，占比 45％[①]。

2018 年中国与美国主要农产品产量比较表

农产品种类	全球产量	中国产量	中国占全球比重	美国产量	美国占全球比重
猪肉（亿吨）	1.11	0.54	49％	0.096	8.6％
羊肉（万吨）	1 506	475	31.5％	7	0.5％
蔬菜（亿吨）	13.8	8.16	59.1％	0.39	2.8％
水产品（亿吨）	2.11	0.65	30.8％	0.054	2.6％
水果（亿吨）	7.68	2.61	34％	0.42	5.5％
禽蛋（万吨）	7 650	3 128	40.9％	688	9％
棉花（万吨）	2 585	610	23.6％	405	15.7％
茶叶（万吨）	580	261	45％	—	—

当然，也有人认为，中国现在的农业还不如改革开放前的农业，因为需要依靠进口才能养活国人，一旦美国禁运就会导致粮食危机。尽管中国是全球最大的农产品进口国，粮食进口量也是世界第一，但进口的主要是转基因大豆，用于加工生产食用油和饲料，而在主粮方面自主生产始终具有绝对优势。根据中国海关总署公布的数据，2017 年我国进口了 13 062 万吨粮食，其中大豆进口高达 9 553 万吨，玉米进口 283 万吨，两项就占进口粮食总量的 75％；而水稻累计进口 403 万吨，小麦累计进口 442 万吨，稻米和小麦等主粮作物进口量非常少，自给率均在 95％以上[②]。因此，进口主要是满足不同层次的消费需求，口粮的安全性基本上不存在问题。

---

① 中国的主要农产品在全球的地位.搜狐网［2019-05-23］，https://www.sohu.com/a/316048133_100023140.

② 马爱平.去年进口九千万吨大豆 确保百姓"吃好".科技日报，2018-01-31.

那么，处于农业中国到工业中国、乡村中国到城镇中国变迁的大变局时代，中国农业究竟是兴是衰？谈及如何评价今天的中国农业，则是身在庐山者有之，雾里看花者有之，跑马观花者有之，叶公好龙者有之，仿佛盲人摸象，众说纷纭。诸如《中国农业到底死于谁的手里？》《中国2.2亿农民干不过荷兰22万农民？》等文一度风靡网络，其中"荷兰只有22万农民，2015年却创造了820亿美元的农业出口；中国有2.2亿农业劳动力，同期农产品却比荷兰少110亿美元，农产品贸易逆差达400多亿美元"，被称之为荷兰"农业奇迹"。也就是说，荷兰用约3％的劳动力创造了约2％的GDP价值，而中国用近40％的农业劳动力只创造了约10％的GDP价值，以此来判断中国农业与荷兰农业的强弱与高下①。

荷兰农业所取得的成就不可否认，因为荷兰在实现现代化后，就可以围绕农业来布局整个产业体系，包括推动资本集聚与高科技融合、完善市场体系与土地财产制度，使农业具有全能的经济功能。而且荷兰农业之所以高效，不仅高投资、高成本，而且生产的都是具有高附加值如蔬果、花卉等农产品，自然高价格、高产值。与人口大国的中国相比，荷兰作为小国，无论产能大小都不存在国内粮食安全风险，也不决定着世界农产品市场的话语权，不会引发国际市场风险，所以在很大程度上仅表现为国家的经济价值②。荷兰的高价格农产品，也大多只能面向在西欧发达国家的消费市场。对于刚刚摆脱贫困状况的中国而言，绝大部分消费者都还没有这样的消费能力。而且荷兰农业的产业高度集中模式，无疑会形成高度垄断，对人口大国而言就是一把双刃剑，会对农产品的市场有效供给带来巨大的不确定性。

即使强大的美国农业也不同于荷兰农业，美国具有耕地集中、地

---

① 徐芹.马克思恩格斯论中国小农经济及其现实启示.理论月刊,2019(3).
② 陈文胜.中国农民干不过荷兰农民是个伪命题.农民日报,2019-06-19.

广人稀这样得天独厚的资源禀赋，适合装备高效的大型农业机械，再加上农业早已完成了资本集聚与高科技融合，是中国小农户始终无法企及的规模化大农业，小麦、玉米、大豆产量占全球产量的40%左右，高达90%的农产品出口国外市场，是世界上最大的农产品出口国，农产品除了满足自己的3.2亿人口，还可以满足国外1.5亿人口的需求。因而美国十分依赖于国际市场，尽管经常面临农产品过剩的问题，但由于主导了世界农产品市场的走向，粮食就成了美国国际政治、经济、外交的战略"核武器"①。

美国前国务卿艾奇逊在新中国诞生之际就曾断言："历代政府都没有解决中国人的吃饭问题。同样，共产党政权也解决不了这个问题。"② 因为世界粮食市场的交易额是3亿吨，全球农产品出口总量只能满足5亿人口的需求。1974年在罗马召开的第一次世界粮食会议，一些专家就预判，中国绝无可能养活10亿人口③。因此，美国布朗发出了"谁来养活中国"之问，最主要的就是基于对中国的三个基本判断：未来人口不断增长难以逆转，耕地不断减少难以逆转，环境破坏造成农作物不断减产难以逆转。所以，时至今日，作为14亿人口的大国，靠外部解决粮食问题是不可能的，中国必须立足于用自己的土地养活自己，农业在这个意义上被赋予了重要的国家安全功能。习近平总书记多次强调，中国饭碗一定要端在自己的手里。农业作为大国之基的战略产业，与GDP的多少无关，与在GDP中的比重多少无关。即使中国在未来走向富裕强大，但花再多的钱也无法在国际市场上买回能够养活十多亿人口的农产品。即使能够买回足够的农产品，一旦出现全球粮食危机，各国必然会限制出口优先保障本国的粮食安全，人口大国的农产品供给无疑就会处于不确定性的危险境地。所以，中国农业与美国、荷兰农业的根本区别是，美国、荷兰农

① 缪建民.次贷危机和全球粮食危机背后是道德危机.上海证券报,2008-05-29.
② 风雨征程　辉煌巨变.中国粮食经济,2019(10).
③ 隋福民.完整认识中国的乡村振兴战略.西安财经学院学报,2019(2).

业可以满足国际市场需要，而中国是确保国内需求，这就不仅仅是单纯的经济功能，如果完全用经济产值大小来评价中国农业是对基本国情缺乏清醒的认识①。

全国人大农业与农村委员会主任委员陈锡文认为，在南、北美洲和大洋洲，由于开发时间短（不过三四百年时间），又人少地多、家庭农场规模很大，农业更多地具有经济发展功能。在中国这样一个具有几千年文明史的传统农业国家，人多地少，"形成了一种非常独特的社会现象：集村庄而群居，一个村庄几十户、几百户农民在一起，相互守望，相互帮助，用这样一种村庄的方式进行农业生产"②，农业的功能远不止限于经济方面，还具有社会、政治、文化、生态等多重功能。中国人和美国人的区别在哪里？在经济全球化背景下，中国的工业文明、城市文明与美国、法国等国家的工业文明、城市文明没有两样。我们之所以是一个中国人，而不是一个美国人或法国人，主要是因为农业的生活方式和价值观念的区别。当改变农业发展导向与生产方式的时候，也就改变了整个民族的文化与价值观念③。

在工业化、城镇化进程中，工商业带来财富的几何级增长，使中国社会形成了一种世界稀有的"贱农主义"，不仅忘记了农业是与每一个个体的生命和生活息息相关的产业，而且将植根于农耕文明的传统文化视为落后的存在，一些地方以工业和城市文化为取向，在移风易俗的名义下欲改造甚至"消灭"而后快，由此造成现代文明的危机，也造成整个人类的危机。法国社会学家孟德拉斯在《农民的终结》一书中提出了"小农经营模式将逐渐消失"的判断，认为工业化、城镇化必然导致去农民化，是现代文明对传统农业文明的终结④。然而，法国传统农业经过 30 年演变与休克之后复苏，重新获

---

① 陈文胜.中国农民干不过荷兰农民是个伪命题.农民日报,2019-06-19.
② 陈锡文.中国解决粮食问题要有全球视野.中国乡村发现,2012(4).
③ 陈文胜.论城镇化进程中的村庄发展.中国农村观察,2014(3).
④ 孟德拉斯著,李培林译.农民的终结.北京:社会科学文献出版社,2010:251.

得了社会、文化和政治的生命力，孟德拉斯也不得不承认这个恰恰相反的结果①。

人类社会要敬畏生命，需要把生命的休戚与共看成社会发展的头等大事。按照美国学者温德尔·贝瑞的说法，"不论日常生活有多么都市化，我们的躯体仍必须仰赖农业维生；我们来自大地，最终也将回归大地，因此，我们的存在，是基于农业之中，无异于我们存于自己的血肉。"②而粮食的丰收和过剩使人们对农业现代化的取向，发生了以追逐利润为导向的单纯经济价值功能的误读，是"物本主义"登峰造极的结果。马克思在《资本论》中一针见血地指出：以追逐利润为导向的资本主义农业的一切进步，不仅是抢劫劳动者艺术的进步，而且是抢劫土地的艺术的进步；一切在短期内提高土壤生殖力的进步都是走向毁灭那种生殖力的永久来源的进步③。再多的财富又有什么用呢？最后会发现钱是不能吃的。

在中国的现代化进程中不难得出一个常识性的结论：对于一个拥有14亿人口的大国来说，农业最核心的问题是吃饭。为什么对中国农业的评价会出现常识性错误？尽管农业是不可替代的战略产业，但在工业化、城镇化过程中，由于农业在国民经济中所占份额呈现不断下降的趋势，非农产业的高附加值以及增长的快速性，形成对经济社会发展难以抵御的诱惑力④，导致对中国农业战略价值和战略地位的短视。

二、农业为何不赚钱：并非中国农业的独特现象

纵观人类发展史，古代文明发源地无不建立在如两河流域、地中

① 吕新雨.新乡土主义,还是城市贫民窟?开放时代,2010(4).
② 樊美筠.大地,我们走向高尚的向导.世界文化论坛,2011,2(44).
③ 转引自王治河的《建设一个后现代的五型新农村》,刊载于《江西社会科学》2010年03期。
④ 陈文胜.中央一号文件的"三农"政策变迁与未来趋向.农村经济,2017(8):13-19.

海沿岸、尼罗河三角洲、黄河流域等发达农业的基础之上①。而为何农业在任何地方任何国家都会或早或迟地必然成为弱势产业？英国经济学家亚当·斯密认为，其原因是，农业上劳动力的增进，总跟不上制造业上劳动力的增进②。列宁则指出，在地理位置上不可移动性决定了农业的地方的闭塞性和狭隘性，而工业不局限于地理位置就天然具有农业所没有的规模效应和集聚效应的优势，工商业劳动生产率就远高于农业，导致乡村人口不断向工业、城市聚集，从而形成工农城乡差别③。由此可见，在工业化进程中，农业效益递减与工业效率递增、农业在国民生产总值的比重不断下降不可逆转，这是城乡之间经济差异的历史必然产物，是社会发展进程中阶段性的必然趋势。对于中国而言，学者秦晖提出，关键性问题不是"农业问题"而是农民问题，工业化、城市化过程会导致农村人口下降，许多乡村社区因此消失，这些所谓的"乡村衰败"是几乎所有现代化成功的国家都经历过的阶段④。即使是全面实现了现代化的国家，农业已经成为资本高度集约化、技术高度密集型的现代产业，但效益与制造业、服务业相比是天渊之别。可以说，农业的持续发展，是现代化进程中任何国家都要应对的共同命题；农民平均年龄的不断老化，是世界农业发展的共同特点。

即使像强大的美国农业，也会因为务农辛苦、收入较低存在"谁来种田"的问题。美国农业工人大多以墨西哥等国的非法移民为主（很多学者没有把美国的季节农民工人计入农业劳动力），农业劳动力受国内政策变化的影响具有太多的不确定性。家庭农场主的农民平均年龄接近 60 岁（日本是 68 岁，中国是 55 岁），超过 60% 的农民年

---

① 魏后凯,崔凯.建设农业强国的中国道路:基本逻辑、进程研判与战略支撑.中国农村经济,2022(1).

② 亚当·斯密著,杨敬年译.国富论.西安:陕西人民出版社,2001:5.

③ 列宁全集(第26卷).北京:人民出版社,1959:282.

④ 秦晖.中国的农业问题并非产业经济问题.中国乡村发现,2016(2).

龄在 55 岁以上，65 岁以上的人数是 35 岁以下的 6 倍。美国农业部发布报告称，目前农民中有一半可能在未来 10 年内退休，农民断代的问题十分突出。美国《彭博商业周刊》报道，美国农民和牧场主老龄化加快，且大多数农民不希望让下一代继续务农。这里面最大的问题是在于，60％的农民每年销售产品所得利润不足 1 万美元，根本没有足够的经济利益激励年轻人选择农业，农业几乎后继乏人[①]。

　　根据学者党国英的研究，美国农业生产的收入占总收入的比重从 1960 年的 50％左右下降到目前的 15％左右；而欧洲与日本的农场主收入构成也大体如此；在世界范围来看，农民增收的主要渠道越来越集中于非农产业的兼业收入[②]。陈立耀在《中国农业需要警惕！美国农业正在破产及原因，原因有 5 点》一文曾指出，截至 2018 年 6 月，威斯康星州、明尼苏达州、北达科他州、南达科他州和蒙大拿州等美国中西部地区共有 84 家农场申请破产，是 2014 年同期的两倍，而且农场收入还会继续恶化，在玉米和大豆集中种植区尤其突出，破产的趋势与数量还远未见顶[③]。因此，即使是美国也不敢不强力保护农业，尤其通过现代工业和服务业来改造农业，着力将农业培育成为高附加值产业。因为国际无政府状态让谁都无法逃避粮食安全问题，美国前总统杰弗逊就提出"以农立国"[④] 的国家战略，尽管农业在任何地方任何国家都会或迟或早地必然成为弱势产业，但任何时候吃饭问题永远是比财富更重要的问题。

　　在中国，除了农业效益递减的规律外，还有城乡二元结构导致的不平等，使农产品的市场价格扭曲而未能体现农产品的真正价值[⑤]。

　　① 珮菁.美国政府帮年轻农民致富.科学大观园,2015(7).
　　② 党国英.关于乡村振兴的若干重大导向性问题.社会科学战线,2019(2).
　　③ 陈立耀.中国农业需要警惕!美国农业正在破产,原因有5点.搜狐网[2019-02-08].ht-tp://m.sohu.com/a/293681236_379553.
　　④ 姚桂桂.美国重农神话与美国农业政策.西北农林科技大学学报(社会科学版),2010,10(5):127-134.
　　⑤ 陈文胜.中国农民干不过荷兰农民是个伪命题.农民日报,2019-06-19.

在市场经济中，农产品的经济价值应当反映社会劳动力的平均价格、农业生产资料的价格及其上涨的幅度、技术和资金投入所取得的社会平均利润及其通货膨胀的幅度等市场因素①。然而现实却是从 1996 年到 2006 年的 10 年间，水稻每斤价格只上涨了 5 分钱，而农业生产资料、劳动力价格、工业产品价格却快速攀升了数十倍，粮食价格根本就未能反映农业生产要素价格的市场动态变化②。比如一只西瓜在日本的价格大约 2 000 日元（约 18 美元），在中国的价格只有 10 元人民币（约 1.5 美元）。直到今天，中国的一瓶普通矿泉水可以卖到 2 元，而一斤稻谷的价格每斤却不到 1 元，这就是明显违背了社会平均利润规则的价值扭曲。

同时，中国农民处于高度原子化状态，成为市场体系中最弱势的群体，即使农产品市场价格提高，农民也受益有限，而农产品产量越高则价格就越低。毫无疑问，中国农业的利润远远低于社会的平均利润，农民的收入水平远远低于城市居民的平均收入水平，就是在这种情况下却彻底打破了"谁来养活中国"的中国崩溃论预言，中华民族也从来没有像今天这样远离饥饿的恐惧。中国的粮食产量包括农产品总产量占据全球榜首，是荷兰的数倍，但农业产值却比不上荷兰，中国 2.2 亿农民没有荷兰 22 万农民收入高，说明中国 2.2 亿农民没有获得荷兰 22 万农民高收入的相应经济待遇，这是城乡二元体制下对农民最大的不公，也说明了中国农民作出了无可比拟的牺牲。因此，中国农民太伟大了，不仅是荷兰，就是日本、美国农民都绝不可能做到如此，中国全社会都要感恩农民③。

三、如何端好中国饭碗：大国小农需要形成社会普遍共识

不少人非常羡慕美国的现代化农业："一片广袤的农田中，地上

---

① 陈文胜.中国农业发展和粮食安全迫切需要新战略.中国乡村发现,2015(1).
② 陈文胜.推进以市场配置资源为取向的农地改革.中国乡村发现,2015(2).
③ 陈文胜.中国农民干不过荷兰农民是个伪命题.农民日报,2019-06-19.

布置着传感器，天上盘旋着无人飞机，它们把土壤中的水分、肥力、农作物的长势、病虫害等数据传输到太空中的卫星上，卫星又传输给地面上的农场工人，工人通过无线遥控，控制无人驾驶的拖拉机播种、施肥、收获，控制自动灌溉系统浇水"①。美国这么强大的农业，在农业人口远远小于中国的情况下，一个国家的粮食出口总量就占了世界的一半。这不是美国农民与中国农民的问题，而是两国之间的技术和土地制度的问题。美国最新的农业法案是 2014 年发布的，包括产品补贴、生态保护、贸易、营养、信贷、农村发展、科研推广、林业、能源、园艺、作物保险等。其中产品补贴是最主要的政策，包括价格损失保障和农业风险保障。根据美国的农业补贴政策，每年收入低于 90 万美元的农场，每年可获得不超过 12.5 万美元的补贴。美国农业部门估计的数据显示，有 30％的大农场获得 70％的补贴，使农场规模和增强竞争力得以大大提高②。同时，美国土地以私有制为主，因而美国农场主不仅可以交易土地，还可以在银行进行抵押和变现，为申请破产提供便利，从而使农业经营主体具有多方面获得大批现金的渠道，构建了政府与市场相协调的强有力保护体系。

　　相对美国的大农业而言，不少人认为小农是造成中国农业低效的根本原因，小农成为落后的代名词，而将耕地规模视为提高经济效益的必然选择，这显然不符合中国国情。早在党的十五届三中全会就首次明确什么是有中国特色的现代化农业，即家庭经营再加上社会化服务③。因为人多地少的基本国情决定了小规模家庭经营的中国农业现代化道路。而后来的理论和政策受到西方经济学和斯大林模式的影响，大力推进以耕地面积规模为发展目标的大农业，为此耗费了大量的政策与财政资源，可始终未能实现政策的预期目标。因此，无论是从理论与政策逻辑，还是从现实与实践结果来看，消灭小农户都完全

①　周怀宗,王巍.国产大豆为什么拼不过美国?新京报,2019-02-25.
②　王月荣,张秀珍.美国2014年新农业法案的特点、影响及其启示.世界农业,2014(7).
③　中共中央关于农业和农村工作若干重大问题的决定.人民日报,1998-10-19.

是"徒劳"的。

因为中国是个大国小农，人多地少且地形复杂，不可能推行美国那样大规模化的机械化农业，也不符合农业发展规律。美国经济学家舒尔茨认为，传统小农作为"经济人"的高效率毫不逊色于任何企业家，改造传统农业的关键不是规模问题，规模的变化并不是经济增长的源泉，而关键是引入现代要素，其中依赖技术的变化而使用新要素是关键中的关键①。如法国有名的葡萄酒始终坚持历史传承的小规模，一直没有出现大规模经营。湖南炎陵县的黄桃在 2016 年只有一个县的规模时，价格是 15 元一斤，而大规模推广到湖南全省后，在 2018 年年底的价格就是 5 元一斤。如果造成产能过剩、农产品供需结构严重失衡就必然带来极大的市场风险。

大国小农是中国独特的悠久历史传统，人多地少这一难以改变的基本国情，决定了小农户在中国相当长时期必然存在。据农业部统计，2016 年中国有近 2.6 亿户农户的经营规模在 50 亩以下，占全国农户总数的 97％左右，占全国耕地总面积的 82％左右，户均耕地面积 5 亩左右②。习近平总书记在十九届中央政治局第八次集体学习时强调，我国人多地少矛盾十分突出，户均耕地规模仅相当于欧盟的四十分之一、美国的四百分之一，"人均一亩三分地、户均不过十亩田"，这样的资源禀赋决定了我们不可能各地都像欧美那样搞大规模农业、大机械作业③。与美国的资源禀赋相比，即使中国城镇化水平全面超过了美国，也绝无可能发展为美国那样的大规模现代农业。因为即使到了全面现代化的 2050 年，城镇化率达到 70％，仍还有 30％的农业人口，如果基本维持现有人口规模，30％就是 4 亿多人，按照 18 亿亩耕地红线就是人均 4 亩多地。

党的十九大报告第一次把小农户作为肯定性的而非落后的、否定

---

①　舒尔茨.改造传统农业.北京:商务印书馆,1987:5.

②　屈冬玉.以信息化加快推进小农现代化.人民日报,2017-06-05.

③　习近平.把乡村振兴战略作为新时代"三农"工作总抓手.求是,2019(11).

性的现象写进党的文献，是对中国农业发展规律认识的历史转轨和准确把握，回归中国农业发展的客观要求，并进一步明确提出实现小农户和现代农业发展有机衔接，这无疑是推进农业农村现代化的一个重大历史课题。中共中央办公厅、国务院办公厅发布的《关于促进小农户和现代农业发展有机衔接的意见》明确指出，"我国人多地少，各地农业资源禀赋条件差异很大，很多丘陵山区地块零散，不是短时间内能全面实行规模化经营，也不是所有地方都能实现集中连片规模经营。当前和今后很长一个时期，小农户家庭经营将是我国农业的主要经营方式。"① 相对于平原地区，丘陵山区人均耕地更加不足，耕地细碎化更加突出，农业组织化程度更加偏低，农业经营规模更加偏小，人地矛盾更加尖锐，这是中国农业发展无法回避的最大现实。

中国与日本、韩国及中国台湾地区一样，属于东亚小农，尽管农地在形式上是所有者、经营者、劳动者三位一体的形式，但政府是最高支配者和经营的最高决策者，农民是劳动者，形成了与西方发达国家相区别的新型农民与国家关系。这种关系在相当长时期内，不仅使农业生产持续增长，而且助力于工业化、城镇化的高速发展。改革开放40多年使中国经济社会发生了百年历史大变局，离不开小农户农业所作出的伟大贡献，其中最突出的是保障了14亿人口的粮食安全，标志着家庭经营小农的优势与生命力。

中国农业与发达国家农业存在的根本区别，不是竞争力本身的问题。同为东亚小农的日本，始终采取重农政策以顽强地保护小农。日本城镇化率高达93％，兼业农户的数量占农户总数的80％以上，半个世纪的现代化还是户均30亩的规模，无论是人地比例，还是远高于国外的农产品价格，均无比较优势，那为什么日本农产品价格高、农民收入高？这是由于日本有一个集经济职能和社会职能于一体的强

---

① 中办 国办印发《关于促进小农户和现代农业发展有机衔接的意见》. 人民日报,2019-02-22.

大"农协"，不仅负责组织农业生产，购买生产、生活资料，出售农产品等经济活动，而且负责政府的各种农业补助金的发放，同时全方位代表农民的利益，影响到农产品市场价格的确定与国家农业政策的走向，影响到日本家庭农场的生存①。因此，日本的小农主要通过"农协"来实现农业环节的整合（联合）、协调运营，基本的模式是"农协＋家庭农业"。尽管日本农业人口老龄化严重，农业具体经营实体也很小，但政府为农业提供了全方位的支持与政策保护，全社会形成了高价买本国农产品、抵制外国农产品（哪怕价格再低）的普遍共识。日本大米价格卖到了100多元人民币一斤，水果按个数卖，还有农业装备大多是财政投入，特别是先给农民订单后再生产。

而中国恰恰相反，长期以来对农业规模化情有独钟，而"公司＋农户"的农业产业化龙头企业带动小农户发展模式，似乎成了破解分散农民和大市场对接的灵丹妙药。但导致的结果就是，公司赔钱有政府补贴，公司赚钱有政府免税，而家庭经营的农民被排除在外，农业家庭经营的利益越来越被弱化。同时，一方面，社会和市场不给农民先订单后生产，形成买方市场。另一方面，政府强化扩大生产，造成产能过剩，供给大量廉价食品供市场选择，从而扭曲了市场价格。此外，在市场价格高于合同订单时，部分农户违约的情况也不同程度存在。

今天的中国社会，饮食结构早已是多元化了，主粮的消费比重大幅度下降，水果、肉食、水产、蔬菜等成为饮食的主体部分。根据国家统计局数据测算，2013年至2017年我国居民每天人均蔬菜占有量稳定在2.56斤到2.74斤②。也就是说，粮食是大食品、农业是大农业，而且国内的农业生产水平也今非昔比，水里的、山上的、草原的、耕地的都在生产食品。农产品周期短，只要价格好，在三五个月

---

① 国外的农业社会化服务是怎么做的?营销界，2019(1).

② 中国人每天到底吃掉了多少菜?腾讯网［2019-6-11］.https://new.qq.com/omn/20190622/20190622A0KUB700.

就可生产出来，农民的生产能力不成问题。关键是农产品品质与市场消费需求出现偏差，导致供大于求与供不应求的现象同时并存，是相对市场需求的结构性问题而非农产品供应的问题。一方面，农业增产不增收还存在卖出难的问题；另一方面，低质农产品大量过剩而高质农产品十分短缺。根据媒体报道，农产品滞销事件呈逐年增加的趋势，由2009年的6起上升至2018年上半年的17起，由零星分布逐渐演变成区域化滞销。如湖南在2018年年底就出现了椪柑等水果大面积滞销现象，不少的县城热销走私进口的泰国大米，却卖不动本地大米。这种农产品供需结构性的不平衡是现有农产品生产与市场关系扭曲的结果，这是因为中国社会阶层已经出现了高、中、低端的消费分化，但农业生产导向没有发生相应变化，生产不是从市场的需求出发①，而仍然是政府推动，由于不顾市场需求而盲目扩大生产，导致不少农产品结构性过剩。

　　如何确保中国的饭碗一定要端在自己的手里？这不是有没有人种田的问题，而是如何提高农产品的质量和效益的问题②。品牌是农业获取市场价值的重要抓手，是质量和效益的原动力和航标。因为优质不优价问题突出，关键是如何让品牌农产品能够卖上好价钱。解决这个问题不能采取农产品低价政策，在市场经济条件下，政府不能以牺牲农民利益为代价来承担城市低收入群体的社会保障责任和粮食安全的国家责任③。一个西瓜在中国卖不到20元人民币，在日本则可以卖到三四百元人民币，而日本农民人均收入与市民收入差距不大，中国城乡收入差距太大。如果亏本也要让农民种田，农民就当然有权弃耕，曾经乡镇政府强行征收抛荒费也没能制止土地弃耕的现象。

　　农业是一个多功能产业，是准公共产品，这个公共责任不能全部由农民承担，应该站在工业化、城镇化的大趋势中保护和支持农业，

---

①② 陈文胜.中国农民干不过荷兰农民是个伪命题.农民日报,2019-06-19.
③ 陈文胜.推进以市场配置资源为取向的农地改革.中国乡村发现,2015(2).

而非习惯性用计划经济或自然经济的思维来发展农业。进入工业化时代，却仍然停留在农耕时代的思想观念与管理水平，这就是当前农业困境的根源，已经成为中国现代化的最后一块短板①。

在迈向第二个百年奋斗目标的历史关口，农村作为中国现代化的战略后院，农业作为安天下的战略产业，随着"中国要强，农业必须强"到"加快推进农业农村现代化"，再到"加快建设农业强国"的战略目标不断深化，需要全面把握大国小农国情，按照党的二十大报告的要求，"健全种粮农民收益保障机制和主产区利益补偿机制"，加快转变农业的发展思路，从抓生产到抓市场的转变，从抓规模抓产量提高到抓品牌抓质量提升转变，建立优化区域、品种结构的正面清单和负面清单，推进农业高质量发展，"全方位夯实粮食安全根基"，"确保中国人的饭碗牢牢端在自己手中"，以有效应对当前国内外复杂特殊环境下的各种风险挑战，事关中国处于现代化进程爬坡过坎关键阶段的战略定力。

---

① 陈文胜.中国农民干不过荷兰农民是个伪命题.农民日报,2019-06-19.

第二章 | CHAPTER 2
农业供给侧结构性改革的时代之问

中国农业发展的变革，从家庭联产承包责任制改革，到农业增长方式转变，再到农业发展方式转变，农业生产力的不断提高使农产品数量的保障能力发生了质的飞跃。中国农村从温饱不足到总体小康再到全面小康，人民生活需要发生了从数量满足逐渐向质量满足的根本性转变。习近平总书记在参加十二届全国人大四次会议湖南代表团审议时首次提出农业供给侧结构性改革："新形势下，农业主要矛盾已经由总量不足转变为结构性矛盾，主要表现为阶段性的供过于求和供给不足并存。推进农业供给侧结构性改革，提高农业综合效益和竞争力，是当前和今后一个时期我国农业政策改革和完善的主要方向。"[①]2017年中央一号文件以"推进农业供给侧结构性改革"作为主题，在实施乡村振兴战略中，党中央明确要求以深化农业供给侧结构性改革为主线。党的二十大报告首次把"农业强国"纳入到社会主义现代化强国建设战略体系之中，标志着推进农业大国向农业强国跨越成为中国式现代化战略目标下的时代要求。

一、农业供给侧结构性改革的多重逻辑

农业现代化始终是中国农业发展的总目标，但这是一个动态的前

---

① 习近平李克强张德江俞正声刘云山王岐山张高丽分别参加全国人大会议一些代表团审议. 人民日报,2016-03-09.

沿变化，在不同时期、不同阶段的具体任务、发展思路、实施路径不尽相同。早在党的二十大召开之前，作为全国人大农业与农村委员会委员的魏后凯就认为，中国要建设现代化的强国，就一定要把农业强国的建设纳入国家强国的战略体系，而农业供给能力强、农业科技创新能力强、农业可持续发展能力强、农业竞争力强应该是现代农业强国的重要标志①。

回顾世界农业现代化的进程，在西方工业革命时期大量劳动力向工业转移，无法继续用大规模的劳动力从事农业，反过来还需要农业养活越来越多的人口，无疑对农业现代化提出了新的要求。由于化肥、农药、机械在农业上的应用，从而推动了农业革命，将自然农业转变为石化农业。在过去很长的时期，现代化农业就是指石化农业，主要表现在由粗放农业向集约农业转化，低产农业向高产农业转化，依靠生物能源向依靠矿物能源转化，低投入向资金密集投入转化。

石化农业短期内带来高速增长的生产力，改变了粮食供应状况，为消除饥饿发挥了重要作用，但由此带来新的危机并日益突显，如农田开垦等引起植被、物种减少，农药化肥的使用危害了物种的多样性，造成了环境污染、高消耗和高成本的严重问题，尤其是全球农业释放出的大量温室气体远远超过原先温室气体的排放总量，成为全球气候变暖的一大元凶②。同时，虽然石化农业的技术进步了，产量前所未有地提高了，但很多农产品外形、营养成分、味道、品质等都发生了变化。因此，从历史发展逻辑看，农业发展已经走到了一个新的阶段，农业现代化需要新的目标，面临新的任务。

（一）从改革逻辑看

回顾改革开放的历程，每当农业发展和农产品供求发生重大变

---

① 魏后凯. 关于农业农村现代化的若干战略问题. 中国乡村发现，2022(1).
② 陈文胜.“两型”农业：中国农业发展转型的战略方向. 求索，2014(9).

化，中央都会及时对农业农村形势作出科学判断、出台重大举措[①]。中国农村改革，经历了三大阶段：第一阶段，实行家庭联产承包责任制，主要是调整国家、集体和农民三者之间的利益关系；第二阶段，推进税费改革，主要是调整国家与农民的利益关系；第三阶段，实施城乡一体化发展战略，主要是调整国家与农民、集体的利益关系。在不同的年代背景下改革内容各有侧重，从中可以观察中国的农村政策轨迹和改革路径。

1. 全面启动农村改革的关键时期

1978—1995 年是中国农村发展充满活力的时期，从 1982 年开始到 1986 年，中央连续 5 年下发关于"三农"的一号文件，主要目标是放活农村、放活农民，由此拉开了中国农村经济繁荣的序幕，解决了 8 亿农民的温饱问题。

在改革开放之初，农民是受惠最大的，多劳就能多得，勤劳就能致富，乡村处处充满着积极向上的力量。一大批最贫困的群体、最落后的乡村在充分享受到改革红利后最先富起来，农村经济得到了迅速恢复与发展。1985 年，新中国第一次出现了农村消费额占全国绝对比重的态势，农村社会商品零售总额占全国的 64％[②]。乡村经济得到全面繁荣，尤其是乡镇企业快速发展，在国民经济中的比重上升到近一半，拉动了重化工业的增长，从而有了 20 世纪 80 年代中期中国经济的"黄金增长"，为后来中国的工业革命奠定了重要基础。

2. 改革的重心全面向城市和工业转移的阶段

从 1987 年到 2003 年是中国改革重心全面向城市和工业转移的阶段，期间连续 17 年没有出台关于"三农"的一号文件。这其中，

---

①　赵永平,朱隽.聚焦中央一号文件:农业供给侧结构性改革怎么看怎么干——中央农村工作领导小组办公室主任唐仁健,中国经济周刊,2017(6).

②　陈瑜,诸巍.解读中央一号文件:农民富,中国富.解放日报.2004-02-12.

1995 年是一个转折点，农业、农村、农民开始出现重大问题，一直持续到 2003 年，逐渐形成了后来所谓的"三农"问题。

　　导致"三农"问题发生的根本原因是什么呢？除了农业产业转型升级导致的矛盾，根本原因就是全党全国的中心工作向工业化和城镇化转移。由于农村改革释放了巨大的活力，取得了卓越成就，因此就比较普遍地认为农村的问题已经不太重要，而且还有必要支持和让位于工业和城市。这段时期，尽管国家财政收入在快速攀升，但包括公共产品和公共服务在内的各级政府财政投入都在县城以上，对农村不仅没有什么投入，还要从农村征收各种名义的税费。这段时期县委书记对乡镇干部提要求时的名言是，"有钱能办事的干部不是有本事的干部，只有没钱能办事的干部才是有本事的干部"[①]。有钱办事谁不会办，而没钱怎么办事？因此只有向农民要钱，而且一切冠以"人民"的名义。例如，修公路向农民集资：人民公路人民修，修好公路为人民；办电力向农民集资：人民电力人民办，办好电力为人民；建公安局向农民集资：人民公安人民建，修好公安为人民；建法院向农民集资：人民法院人民建，修好法院为人民。凡此种种，大量的现代化建设，都是向农民要钱。尤其是这个时期处于中国人口高峰期，需要不断扩大农村中小学的规模，从而需要大规模的资金来建学校，而各级政府对县城以下的农村学校基本上没有什么投入，农村教育同样只能向农民集资：自己的孩子自己爱，自己的学校自己盖。所以，在这样一个制度和体制环境下，一些"三农"问题就爆发了。

　　"三农"问题必然会引发农村基层政权问题，并引发基层党群关系、干群关系不断恶化，乡村组织空心化，公信力快速下降，也由此带来了农村基层社会稳定问题，长期积累在农村基层的矛盾集中爆发了出来。比如，农民抗税抗粮、集体上访事件不断发生，特大群体性事件不断增加，成为当时农村的社会现象和主要问题。

---

　　①　陈文胜.乡镇视觉下的三农.长沙:湖南人民出版社,2007:99.

　　以湖南省衡阳县为例，这段时间发生的农民抗税抗粮、集体上访和群体性事件就高达 100 余次；其中较大的涉农群体性事件，1995 年 1 次、1996 年 2 次、1998 年 4 次、1999 年 3 次，涉及 10 个乡镇。其中衡阳县三湖镇 1999 年就发生了一起当时震惊全国的恶性涉农案件，镇政府在收取农民统筹提留和进行计划生育工作时，与农民发生了严重冲突，打伤了上百名农民。事件发生后，当时的湖南省委以 1 号文件进行了通报批评，十多名镇干部分别受到党纪、政纪处分，有的甚至被追究刑事责任，县委书记被免去职务。

　　现在来回顾这个事件，当时的干部作风问题无疑是一个导火索，而全国性的农村经济发展问题则是事件发生的根源。1993 年之前，三湖镇农民的稻谷往往在田间地头就被抢购一空，价格曾经一度飙高到每 100 斤 83 块钱。以当时的购买力和物价水平，这样的价格无疑大幅度地提高了农民的农业收入。到 1999 年的时候，粮食价格下跌到每 100 斤 30 块钱，而且粮站还打白条。在这种情况下，三湖镇就有农民卖粮时愤怒地把稻谷倒在河里。一方面谷贱伤农，另一方面农民负担居高不下。三湖镇当时还在全面进行中小学危房改造和乡村道路建设，每亩田一年上缴税费最高达 170 多元[1]。农民本能地喊出了三句口号："农村的出路在抛荒，农业的出路在缺粮，农民的出路在进城。"这就是为什么在 2000 年前后有这么多农民抛荒，因为种得越多就亏得越多。所以，全国粮食产量在 1998 年达到最高峰，接着粮食产量连续五年下降，在 2003 年降到最低点[2]。当时的湖北省监利县棋盘乡党委书记李昌平在 2000 年 3 月致信国务院领导，指出"农民真苦，农村真穷，农业真危险"[3]。

　　古往今来，农民越穷，国家就越难以稳定。2003 年以前的一段时间，群体性事件不断发生。这虽然表现为一个政治问题，其实更是

---

①　陈文胜.乡镇视觉下的三农.长沙：湖南人民出版社,2007:114.

②　罗晟.中国粮食产量或现周期性拐点.农产品市场周刊2009(23):43-43.

③　李昌平.我向总理说实话.北京：光明日报出版社,2002.

一个经济问题，政治是经济的集中表现，农村政策最终目的是为了保障农民根本经济利益，这是中国农村政策所必须具有的最大政治性。因此，中国的"三农"问题归根到底是经济问题，核心是农民的利益问题。当农民的根本经济利益得不到保障时，再牢不可破的干群关系也难以维系。

到 2003 年的时候，全社会终于意识到"三农"问题是中国的头等大事。在工业化、城镇化的大趋势中，必须加强农业在国民经济中的基础地位。特别是学术界对拉美化陷阱展开了很多讨论，不少观点认为拉美化问题出现的原因之一就是牺牲农业成就工业，尽管带来短暂的繁荣，但由于处理不好工农、城乡关系，最终使工业化、城镇化难以持续，也为中国在此问题上敲响了警钟。

3. 实施"以工补农""以城带乡"的发展战略时期

为解决这些"三农"问题，政策转轨势在必行。2002 年 11 月，党的十六大正式提出统筹城乡经济社会发展；2003 年 10 月，党的十六届三中全会将"统筹城乡发展"放在"五个统筹"之首；2004 年中央一号文件以促进农民增收为主题推出一系列惠农政策，是推动实施"以工补农""以城带乡"发展战略的先声，是此后含金量最高、政策效应最好、措施执行最有力的一号文件之一；2004 年 9 月，党的十六届四中全会正式提出"两个趋向"的重大历史论断①。

在一系列政策的作用下，到 2004 年就快速地化解了农业经济问题，扭转了粮食产量连续 5 年下降的局面，当年达到 4.69 亿吨，比2003 年增产 3 877 万吨，增长率为 9%。从此之后更连续增产了十多年，刷新了世界农业发展的历史纪录。2004 年全国农民人均纯收入为 2 936 元，比 2003 年增加 314 元，增长率为 12%，扣除价格因素，

---

① 中共中央 国务院关于"三农"工作的一号文件汇编(1982—2014).北京:人民出版社，2014.

实际增长 6.8%，增幅居过去七年之首。以 2004 年中央一号文件为基础，奠定了把解决好"三农"问题作为全党工作重中之重的地位。2006 年彻底取消了农业税，继续实行最低收购价，粮食直补、农机具购置补贴、农资综合补贴和良种补贴只增不减，农村基础设施建设等各项投入不断加大，逐步全部免除农村义务教育学杂费，新型农村合作医疗逐步扩大，等等。从 2004 年到 2016 年，是中国工业反哺农业的新时期，农业发展进入新阶段。与此同时，国民经济从 2004 年到 2007 年连续 4 年以 10%以上的速度增长，实现了国民经济和农业双赢的局面[1]。

以 2004 年湖南省衡阳县三湖镇的调研为例，首先是 2004 年的中央一号文件发出了明确的政策信号，提出对农村实施多予、少取、"两减免三补贴"的政策，推出了与农民种粮密切相关的举措：实行最低收购价，减免农业税和农业特产税，实行种粮直接补贴、良种补贴和农机补贴，农民每亩可以得到 11 块钱的直接补贴。三湖镇农民共得到的减免和补贴人均 50 多元，十分明显地起到了调动农民生产积极性的政策杠杆作用。按照 2004 年中央一号文件规定，最低收购价早稻为每百斤 70 元，中晚籼稻为每百斤 72 元，粳稻为每百斤 75 元，而在实际收购时，市场价格每百斤普遍都高出 2 元钱以上，比 2003 年前最低时候的价格每百斤高出 40 多元。2003 年三湖镇耕地抛荒率达 40%以上，农民年收入不足千元。2004 年三湖镇仅早稻一项总产量就达 850 万公斤，比往年增加了 50%。按增加粮食总产量计算，全镇农户人均增收 1 100 元。全镇还增加了 21 台大型农机。到该年 8 月底，三湖镇全年的农业税便征收完毕，其征收速度和上交率是 1995 年以来最快、最好的一年。

可以说，2004 年中央一号文件出台的"三农"政策是中国农业农村发展的一个历史拐点，是一个划时代的重要转轨。

---

[1]　数据根据中国统计出版社出版的各年度《中国统计年鉴》相关数据整理。

4. 农业发展进入由总量不足向结构性矛盾转变的战略转型时期

2004—2015 年实现了粮食产量"十二连增",农民收入"十二连快",使中国农业发展处于历史上最好的时期之一,彻底打破了"谁来养活中国"的预言,中国从来没有像今天这样远离饥饿的恐惧。伴随国民经济的快速发展,城镇居民收入的快速增长、消费水平的快速提升,农产品消费进入结构转型期。习近平总书记提出,"粮食连续十二年增产,农业连年丰收,为宏观经济稳定作出重大贡献,但在国际粮价下跌、进口增加的背景下,也带来了库存积压、财政负担加重等新情况新问题。这要通过深化改革、引导农业结构调整来加以解决。"① 由于农业生产力的不断提高,使数量的保障能力发生了质的飞跃,中国从根本上告别了食品短缺时代。与此同时,居民生活水平的不断提高使消费结构也发生变化,农产品从卖方市场逐渐转变为买方市场,主要矛盾由数量要求转变为质量要求、由总量不足转变为阶段性供不应求和供给过剩并存所呈现出的结构性矛盾。

在此背景下,是农民的生产与市场脱节导致农产品供给的数量和质量不平衡、农业的质量发展不充分,农业生产的规模与效益不平衡、农业的效益实现不充分,国内国外两个市场两种资源利用不平衡、农业国际市场和资源开拓不充分的矛盾,造成供不应求与供大于求并存,农业呈现阶段性、结构性供需不对称的过剩特征。因此,农业发展供需关系的演变,由改革开放前的强制性农村生产满足城市消费,到改革开放后由农民生产主导市场消费,再到近期由市场需求主导农产品供给,这样一个由长期短缺向总量平衡、丰年有余再到当前阶段性过剩的历史变迁②。出现当前这种情况的原因是什么呢?是因为农产品确实多了起来,但品质好的不多,特别是优质的、绿色的不

---

① 中共中央党史和文献研究院.习近平关于"三农"工作论述摘编.北京:中央文献出版社,2019:93.

② 陈文胜.农业供给侧结构性改革:中国农业发展的战略转型.求是2017(3).

多，消费者满意的农产品还不是很多。国务院发展研究中心研究员程国强就认为，尽管中国粮食产量连年增产，但同时大量谷物还要进口，暴露出粮食等主要农产品生产的有效供给不足，与实际需求不匹配，人们真正需求的生产不出来，在品质和质量安全上还不适应[①]。

2017年中央一号文件开头第一句话就明确提出农业发展已进入新的历史阶段，而不是阶段性的变化，并提出"推进农业供给侧结构性改革"："要在确保国家粮食安全的基础上，紧紧围绕市场需求变化，以增加农民收入、保障有效供给为主要目标，以提高农业供给质量为主攻方向，以体制改革和机制创新为根本途径，优化农业产业体系、生产体系、经营体系，提高土地产出率、资源利用率、劳动生产率，促进农业农村发展由过度依赖资源消耗、主要满足量的需求，向追求绿色生态可持续、更加注重满足质的需求转变"。时任中央农村工作领导小组办公室主任唐仁健在向媒体解读中央一号文件时提出，过去农业结构调整主要是为解决供给不足，着力于生产结构，着眼生产力范畴，简单地少种点什么、多种点什么，寻求总量平衡、数量满足，现在中央提出的农业供给侧结构性改革，是涵盖范围广、触及层次深的一场全方位变革，更注重质量、效益、可持续发展，更注重在产业结构、技术结构、经营结构层面促进农民增收、农业增效、农村增绿，更注重在体制改革机制创新上激活农业农村发展的内生动力[②]。

在这个意义上，农业供给侧结构性改革的核心，是要解决农业发展理念的问题，迫切需要实现从数量保障农产品供给到品种和质量保障的转型，由农业生产的数量导向到质量导向的转型，由政府的行政导向到市场导向的转型。这是一场从田间到餐桌的深层次、全方位变

① 董峻,韩洁,王立彬等.农业供给侧改革将出大招——解读中央农村工作会议五大看点.农村经营管理,2017(1).
② 赵永平,朱隽.聚焦中央一号文件:农业供给侧结构性改革怎么看怎么干——中央农村工作领导小组办公室主任唐仁健.中国经济周刊,2017(6).

革，标志着中国农业现代化已经处于战略跨越的新方位。农业供给侧结构性改革是一个重大目标的转变，成为农业现代化的主线。在实施乡村振兴战略中，习近平总书记强调，"深化农业供给侧结构性改革，走质量兴农之路"①。所以，农业供给侧结构性改革的真正意义，就是在中国农业发展进入战略跨越的关键阶段，提出实现农业发展思路的战略转型。

（二）从现实逻辑看

随着中国经济发展进入新常态，国民经济增长换挡降速，农业农村发展内外部环境面临的新情况新问题，主要是农产品需求升级与有效供给不相适应、资源环境承载能力与绿色生产不相适应，存在国外低价农产品进来了与国内竞争力跟不上的现实难题、农民增收传统动力减弱与新的动能跟不上的现实难题②。长期以来，中国一直把保障农产品数量，特别是粮食数量摆在第一位，这是一种生产主导型政策。因为无论生产什么农产品、生产多少农产品都能够卖得出。改革开放以前粮食短缺，很多人吃不饱饭，当时中国最大问题是怎么解决温饱问题。人口大国而人多地少、人均耕地面积严重不足的基本国情，需要用生产导向来确保粮食供给的总量。"菜篮子"工程、"米袋子"工程，下达的任务都是产量，所有的政策导向也都是产量。

有人一提起中国现代农业就拿美国作比较，而美国农业背后是地广人稀的优越条件，养活美国太简单了，农产品大量卖给别国。中国是一个人口大国，人多地少，这么少的耕地要养活这么多的人口，压力不小。因此，所有的思路、所有的发展理念都是保数量，能够有饭吃就不错了，没有什么品质的要求。因为食品短缺，只愁生产不愁

---

① 走中国特色社会主义乡村振兴道路(2017年12月28日)//论坚持全面深化改革.北京：中央文献出版社,2018:400.

② 赵永平,朱隽.聚焦中央一号文件:农业供给侧结构性改革怎么看怎么干——中央农村工作领导小组办公室主任唐仁健.中国经济周刊,2017(6).

卖。整个农业领域计划色彩很强，规定粮食产区必须保证完成粮食产量①。

在那个食品短缺的年代，一个成年劳动力一天吃一斤半的大米都没有问题。今天的年轻人很难体会那一代人对饥饿的恐惧。20世纪60年出生的人，很多小时候到过年才能吃一餐白米饭，到读书时一天三餐吃一斤二两米都还吃不饱。现在，恐怕一天还吃不到四两米。调研发现，现在农民也不吃大鱼大肉了，喜欢绿色有机食品，追求饮食的营养健康。调研时发现一个农户吃的是泰国大米，就问，"你们自家种的大米呢？"农民回答："大多喂猪了。"这个例子说明改革以来，中国社会农民的生活发生了翻天覆地的变化。

中国人以前饮食是以大米为主，现在肉食、水产、果蔬都已成为普通百姓的家常便饭，饮食结构趋于多元化。但是农业生产结构没有随着消费结构的变化而相应调整，特别是粮食生产，只低头生产，不抬头看销路，生产与消费严重脱节。调研发现，湖南常德、邵阳、湘西一带很多椪柑有一段时间都烂在了山上。一些农产品供大于求，一些产品供不应求，高质量、高品质的农产品供给相对不足。这就是所谓的农业发展质量不平衡、效益不充分的矛盾。这是成本问题吗？这是效益问题吗？当然不是。在这种情况下，即使通过科技创新把产量翻一番，成本再降低，但还是会卖不出去，只不过是进一步提高供大于求的规模罢了。生产不与市场对接，不以市场为导向的农业生产体系，那就必然没有竞争力。

在新的发展阶段，中国农业现代化的环境条件正在发生深刻变化。陈锡文认为，推进中国农业可持续发展的重点，在于提高农业科技含量，降低农业经营成本，提高农产品质量，增强农业国际竞争力，这才是农业供给侧结构性改革的本意②。

---

① 陈文胜.现阶段中国农业发展处于历史新方位.中国乡村发现,2017(2).
② 陈锡文.农业供给侧结构性改革的几个重大问题.中国经济时报,2016-07-15.

　　其一，农业供给侧结构性改革是供给侧结构性改革的重点所在。马克思关于社会扩大再生产理论认为，生产资料生产的增长最终要依赖于消费资料生产和个人消费。中国农业资源丰富且农业剩余劳动力多，消费品工业的发展可以极大地带动农业生产发展、延长农业产业链条、提高农业效益，并在促进农村劳动力就业上发挥重大作用。大力推进农业供给侧结构性改革，发展以农产品生产、加工为主的消费品产业和市场，是供给侧结构性改革的一个重点所在①。

　　其二，农业面临多重挑战亟待推进供给侧结构性改革。随着第二、三产业的发展逐步进入相对成熟阶段，农业蕴含的巨大潜在价值日益凸显，农业发展进入可以大有作为的机遇期，但面临的挑战也不容忽视：世界经济发展格局分化与国际农产品市场的不确定性增强，如何防范世界市场风险传导，需要未雨绸缪；农产品市场消费进入结构转型期，如何创新农产品供给，满足新的市场消费需求，是亟待破解的难题；农业生产要素投入成本不断攀升，资源环境约束日益强化，如何拓展农业发展空间，降本、提质、增效成为促进农业转型升级的重要任务；农村资源要素配置机制滞后，如何构建城乡一体化的资源要素优化配置机制，是进一步深化农业农村改革的关键。

　　其三，农业供给侧结构性改革是推进农业转型升级的关键举措。中国农产品总量充足，大宗农产品供给在国内占据重要地位，但农产品的数量地位与质量地位不对称，农产品市场竞争力不强是不争的事实，部分农产品"卖难"问题屡屡出现。在世界农产品市场上，中国有市场竞争优势的农产品不多，能够走向世界的产品不多，且主要是初级农产品，缺乏具有竞争能力的大企业和知名品牌农产品。因此，推动农业转型升级面临的突出问题主要是：农产品供给数量与质量不平衡的结构性矛盾，中高端农产品供给不足，农业的多功能开发不够，难以适应市场消费结构转型的需要，导致供需错配，使得农业全

---

①　陈文胜.把握农业供给侧结构性改革重点.经济日报,2016-10-22.

要素生产率低，人力、资金、土地等成本居高不下，农业市场竞争力与效益难以提升。所以，加快推进农业供给侧结构性改革，是实现农业转型升级的一个关键举措。

当然，眼下推动农业转型升级还面临着农业扶持政策尚待完善、农业社会化服务水平较低、基层治理体系与治理能力滞后、农业管理与考核机制不适应等一系列问题，这些问题需要用结构性改革的办法来解决，在提高粮食生产能力上挖掘新潜力，在优化农业结构上开辟新途径，在转变农业发展方式上寻求新突破，在促进农民增收上取得新成效，在建设现代化新农村上迈出新步伐。

二、中国农业发展进入结构转型的历史拐点

在改革开放初期，农民生产什么都能够卖得出，而且价格很高。因为食品短缺，是卖方市场，农民的积极性很高，相应的改革就容易推动。但进入新的时期，价格"天花板"、成本"地板"挤压和补贴"黄线"、资源环境"红灯"约束，是今后一个时期农业发展面临的重要瓶颈。习近平总书记强调，"出路只有一个，就是坚定不移加快转变农业发展方式，从主要追求产量增长和拼资源、拼消耗的粗放经营，尽快转到数量质量效益并重、注重提高竞争力、注重农业技术创新、注重可持续的集约发展上来，走产出高效、产品安全、资源节约、环境友好的现代农业发展道路。"[1] 这也意味着农业发展需要实现一系列根本性转变，实现各项改革由点到面的全覆盖，标志中国农业发展进入了一个新的历史拐点。

（一）需要实现由数量增长向质量安全转变

中国是人口大国，基于大国粮食安全的危机意识以及长期食品短缺形成的历史惯性，在相当长时期我们把粮食产量作为农业发展的核

---

① 习近平.论"三农"工作.北京:中央文献出版社,2022:137.

心目标。在这一战略指引下，中国用占世界9％的耕地养活了占世界20％的人口。2004—2015年，中国实现了粮食产量"十二连增"，从来没有像今天这样把饭碗牢牢端在自己手上。在解决了"谁来养活中国"这个世纪难题之后，现在面临的首要问题不是能够生产多少，而是如何提高效益和竞争力。

在市场经济条件下，农产品品质对农业效益和竞争力具有决定性作用。如何提高农产品质量、提高农业综合效益和竞争力就成为农业发展最重要的课题。适应这个新的发展趋势，必须把提高农产品质量放在更加突出的位置，首先应当追求农产品品质，在达到品质要求的基础上再考虑怎么生产、生产多少。当然，品质优先也不是一点不考虑产量，农业生产当然要考虑产量，但不是首先考虑产量，如果首先考虑产量，一旦卖不出，产得越多就亏得越多。也就是说农业发展的思路和理念必须要有一个大转变，要促进农业发展由过度依赖资源消耗、主要满足"量"的需求，向追求绿色生态可持续、更加注重满足"质"的需求转变[1]。

（二）需要实现由生产导向向消费导向转变

深化农业供给侧结构性改革的最终目的，就是要使不断提高的农产品供给能力更好地满足人们日益增长、结构升级和多样化的消费需求[2]。几十年来，中国农业发展以生产为导向，属于卖方市场的时代，是生产主导消费需求，农业发展所有的思路都在生产环节，都是通过提高产量、扩大规模提升农业发展水平。但随着经济快速发展，居民收入持续增长，消费水平不断提升，今天的农产品消费进入结构转型期，市场全面进入买方市场时代，农业生产转变为由消费需求主导生产的阶段。最为显著的变化就是居民食品消费结构升级，从过去

① 陈文胜.农业供给侧结构性改革：中国农业发展的战略转型.求是，2017(3).
② 宋洪远.关于农业供给侧结构性改革若干问题的思考和建议.中国农村经济，2016(10)：18-21.

吃得饱转变为要求吃得更好、更营养、更健康，从吃得放心到游得开心，城乡居民需求结构的升级变化，从需求端对农产品供给体系的升级重构提出了日益多样化、个性化、优质化的新要求，而以资源投入驱动增长、以满足"量"的需求为主的农业生产供给体系，与新形势下主要是"质"的消费需求难以得到满足之间的矛盾就比较突出①。

由于消费结构发生了很大变化，农产品的生产与市场未能有效对接，造成市场需要的供不应求，市场不需要的供大于求，供给结构与需求结构出现脱节，呈现阶段性、结构性供需不对称的过剩特征。中国的农业发展到今天，农民的生产水平、生产能力绝对没有问题，但农业发展方式需要实现从生产导向向消费导向的根本性转变。

（三）需要实现由政府直接干预向发挥市场决定作用转变

习近平总书记强调，"农业结构往哪个方向调？市场需求是导航灯，资源禀赋是定位器。"② 因此，推进农业供给侧结构性改革，迫切需要以市场需求为导向，准确把握市场需求结构的阶段性变化趋向和消费结构的升级趋势，从供给端发力，优化农业供给结构和资源配置，调整优化品种结构、品质结构、产业结构，创新产品供给，使供给数量、品种和质量不断满足市场多元化、个性化的消费需求，推动供给侧结构与需求侧结构相匹配。

长期以来，为了巩固农业的基础地位，国家通过对农产品以及农资价格进行直接干预和补贴，有力调动了农业生产积极性，保证了粮食有效供给，实现了中国加入世界贸易组织后保护农业发展的阶段性目标。但过多的直接干预也在一定程度上影响了市场机制发挥作用，不仅导致国内产量增加引起农产品库存积压，也造成国内外农产品价格倒挂，刺激粮食进口量大增。

---

① 韩俊.推进农业供给侧结构性改革提升农业综合效益和竞争力.学习时报,2016-12-26.

② 习近平.论"三农"工作.北京:中央文献出版社,2022:137.

　　党的十八届三中全会首次提出要发挥市场在资源配置中的决定性作用①，党的二十大报告进一步强调"充分发挥市场在资源配置中的决定性作用"。而农业的价格机制在国民经济中最具计划色彩，最需要改革。农产品价格一旦上涨政府就强行控制，一旦下跌政府就全面扶持。如猪肉价格上涨了，政府就想方设法压价，猪肉价格下跌的时候，又会马上想办法保障猪肉供应，甚至在农民还没有保险的情况下给母猪买了保险。把农业的资源配置排除在市场之外，没有形成一个成熟的农业市场价格形成机制，就必然引发类似"蒜你狠""豆你玩""姜你军"等问题，造成价格一上升就打压、一下跌又来扶持的循环反复怪象。这种现象既与农业本身发展竞争力不高有关，更与农业发展市场化导向不足、市场机制发挥作用不够、市场供求关系扭曲紧密相连。

　　不难发现，一方面，每当在农产品价格上涨之时，政府就会对小农采取有力的宏观政策进行调整。另一方面，政府直接组织发动、人为地扩大生产规模造成产能过剩从而降低价格。这就存在这样一个问题，为什么要抑制农产品价格的上涨？有人说是为了照顾城市低收入群体。实际上，对于城市低收入群体，政府应该采取的有效办法的是社会保障，而非以牺牲农民的利益为代价来承担城市低收入群体的社会保障责任和粮食安全的国家责任。如果高房价、高油价、高气价、高医价、高药价以及高工业品价格可以存在，一瓶普通的矿泉水都可以高于一斤大米的价格，为什么不能容许农产品高价？如果房价、油价、气价、医价、药价可以国内外价格倒挂，难道农产品价格倒挂就是问题了？

　　因此，要把处理好政府和市场关系作为推进效率变革的重点，实现由政府直接干预向发挥市场决定性作用转变，促进生产要素向品牌产品和特色产业集中，加快供给侧结构优化；促进生产向优势区域集

---

　　①　中共中央关于全面深化改革若干重大问题的决定. 人民日报，2013-11-16.

中，加快区域结构优化；形成与市场需求相适应、与资源禀赋相匹配的农业生产结构与区域发展布局，促进国际市场与国内市场联动，缓解资源与环境的压力，加快农业发展方式由规模速度型向质量效益型转变。

（四）需要实现由单纯粮食安全战略向多重战略目标转变

当前，中国正处于从传统农业向现代农业转型的关键阶段。尽管农业在国民生产总值中所占的份额越来越小，但现代农业的定位绝不仅仅是确保单纯的粮食安全，还要兼顾生态保护、环境调节、能源优化、观光休闲、文化传承、国际竞争等多重功能。特别是中国作为世界人口大国，农业天然具有强国民生存之基、固国家经济之本、增国际竞争之力的多重战略作用。

在现代化进程中，农业发展越来越具有多重功能，需要顺应休闲农业、乡村旅游、电子商务、田园综合体等发展新趋向，从"生产农业"回归"生命农业"，从"产品农业"回归"情感农业"，加快产业盈利能力的提升，不仅有助于农业功能型产品的开发与价值实现，而且能够有助于农民在获得产品性收入同时获取更多的功能性收入[1]，无疑决定着当前改革的方向和路径。

时任中央农村工作领导小组办公室主任唐仁健在解读 2017 年中央一号文件时强调，提高农业供给质量要以市场为导向，紧跟消费需求变化，不仅要让人们吃饱、吃好，还要吃得健康、吃出个性；不仅满足人们对优质农产品的需求，还要满足对农业观光休闲等体验性服务性需求，满足对绿水青山的生态化绿色化需求，拓展农业多种功能，不断提高农业综合效益和竞争力[2]。这就要求在保障粮食安全的基础上继续优化产业结构，着眼提高农业全产业链收益，努力做强一

---

① 罗必良.重构国家农业安全观.农民日报,2020-11-02(3).

② 赵永平,朱隽.聚焦中央一号文件:农业供给侧结构性改革怎么看怎么干——中央农村工作领导小组办公室主任唐仁健.中国经济周刊,2017(6).

产、做优二产、做活三产,以融合发展促进农业发展的多目标转型①。

三、推进中国农业现代化需要探讨的基本问题

相当长时间以来,中国农业遭遇供大于求与供不应求的结构性困境,其根本原因在于农产品市场供需不匹配,农业综合效益偏低和市场竞争力不强。党中央适时提出了推进农业供给侧结构性改革的战略举措,"要坚持市场需求导向,主攻农业供给质量,注重可持续发展,加强绿色、有机、无公害农产品供给,提高全要素生产率,优化农业产业体系、生产体系、经营体系,形成农业农村改革综合效应"②。因此,主要目标是增加农民收入、保障有效供给,主攻方向是提高农业供给质量,总体要求是促进农业发展由过度依赖资源消耗、主要满足量的需求,向追求绿色生态可持续、更加注重满足质的需求转变,突出优质、特色、绿色,以顺应绿色化、品牌化的农业现代化的基本趋势,走质量兴农之路。

(一)如何遵循农业发展的自然规律

既然提出农业供给侧结构性改革,这就有很多关键问题需要探讨。有人提出用工业化的思路发展农业,这是对农业作为一个特殊产业的非正确理解。比如一个杯子,只要工艺相同的流水生产线,在任何地方生产,杯子的品质是一样的。但农业不同,即使是同样的工艺、同样的技术、同样的制作,东北的大米和湖南的大米、贵州的大米,品质是绝对不一样的。因为农业生产是天、地、人三者合一的过程,不同的环境、不同的气候,产生出来的品质是不一样的。所以,农业生产有着特殊的要求,就是要尊重农业发展的自然规律,而不能

---

① 陈文胜.农业供给侧结构性改革:中国农业发展的战略转型.求是,2017(3).
② 习近平李克强张德江俞正声刘云山张高丽分别参加全国人大会议一些代表团审议.人民日报,2017-03-09.

简单地套用工业化的思路来发展农业。

　　农业发展不仅要遵循经济规律，更要遵循生命规律、自然规律。因为农业是一个特殊产业，对气候、水质、土壤等生态环境的要求很高，那些品质优良、独具地域特色的农产品品牌是特定地域的产物。什么样的地域生态环境决定着生产什么样品质的农产品。这个规律不搞清楚，就会迷失方向。

（二）如何处理好市场与政府的关系

　　习近平总书记曾经多次强调，"要以市场需求为导向调整完善农业生产结构和产品结构"①，"农民种什么、养什么，要跟着市场走，而不是跟着政府走"②。就有人认为，小农户是造成中国农业低效的根本原因，提出要把农民组织起来。把农民组织起来干什么？怎么样组织？这些问题需要进一步思考。如果把农民组织起来让农民都能赚钱发家致富，那农民都会不请自来争相加入；如果不赚钱甚至亏本，农民就会唯恐避之而不及。历史上，人民公社时期把农民前所未有地组织起来了。那时是计划经济体制，农民没有择业的权利，不能离开土地和家园，也没有出售自己产品的权利，组织起来的成本很低。国家财政也是以投资县城以上的城市建设为主，对于农村水利、公路等基础设施主要是组织农民自己建设。农民为此作出了巨大贡献，却始终没有解决好温饱问题，一直在贫困线上挣扎。尽管政府年年都给农民发放救济款、发放返销粮，农民却依然普遍贫穷、农产品依然普遍短缺。

　　那么，这时农民的贫困是因为懒惰和愚昧吗？舒尔茨认为，农民的精明和理性丝毫不亚于任何资本家，"一旦有了投资机会和有效的

---

　　①　习近平李克强张德江俞正声刘云山王岐山张高丽分别参加全国人大会议一些代表团审议. 人民日报, 2016-03-09.

　　②　走中国特色社会主义乡村振兴道路(2017年12月28日)//论坚持全面深化改革. 北京: 中央文献出版社, 2018: 401.

鼓励，农民将把黄沙变成黄金"①。农民对自己的生产环境、资源禀赋与地理区位、气候变化等都明明白白，适合种什么与不适合种什么、怎么样才能够赚到钱的成本收益计算得非常清楚。因为农民从事农业生产，既要考虑天气的影响——要上懂天文把握自然规律，又要考虑到土质的状况——要下懂地理把握生态规律，还要考虑到市场的需求——要洞察世事人情把握经济规律。因此，必须赋予农民经济发展的主体地位，才能调动农民的积极性，激发乡村发展的内在动力。

党的十一届三中全会启动的市场化改革首先在农村拉开巨幕，让中国最贫穷的群体——农民、最落后的地区——农村最先发展起来，作为那个时代风云人物的"万元户"基本都来自农民。黄季焜认为，正是由于市场化改革优化了农业资源配置，改善了农业生产结构；降低了农业生产资料价格，促进了农民对农业生产的投入；降低了市场的交易成本，提高了农民销售农产品的价格，激发了农民扩大生产的积极性②，在短暂的时间使农业快速发展和农民快速增收，这在人类历史上是少见的。其中最基本的经验就是尊重农民首创精神，按经济规律办事，推进农村商品经济发展，不断给予农民更多的自主经营、自由择业等生产自主权，让农民自己杀出一条血路来，不仅成功地解决了长期以来一直没有解决的吃饭问题，而且使8亿人从根本上摆脱了贫困状况。农村改革中的好多东西，都是基层和农民创造出来，改革就是把权力下放给基层和农民，给予农民自我发展的机会。中国农村改革的巨大成功充分印证了舒尔茨的理论判断，其中蕴含着最重要的市场逻辑。

习近平总书记在党的十八届三中全会上提出，要发挥市场配置资源的决定性作用，"理论和实践都证明，市场配置资源是最有效率的形式。市场决定资源配置是市场经济的一般规律，市场经济本质上就

---

① 舒尔茨.改造传统农业.北京:商务印书馆,1987:5.
② 黄季焜.中国粮食安全与农业发展:过去和未来.中国农业综合开发,2020(11).

是市场决定资源配置的经济"①。由于农村改革滞后，政府主要通过直接投资项目等方式主导农业生产，由于不是市场导向的扩大生产，容易导致供给结构与需求结构出现脱节，一些农产品的产能过剩而价格快速下跌，扭曲了市场供求关系，影响了市场机制作用的发挥，造成非常突出的政府越位与市场缺位问题，严重损害了农民的利益与农业的发展。要解决这一问题，这就必然要求农业发展方式实现从生产导向向市场导向的根本性转变。

那么，农业供给侧结构性改革就是优化结构吗？不完全是。那为什么叫改革呢？因为要解决好两个矛盾，一个是结构性矛盾要调整，就是有些产品供大于求，有些产品供不应求，是结构性矛盾，要调整好这个关系；另一个是体制性矛盾，是市场与政府的关系问题。农业在经济领域可以说是最具计划色彩的，各级政府下达的都是产量指标。虽然改革开放这么多年了，由于农业的特殊性，其计划色彩依然浓厚，动不动就是要保证多少产量，因而有了产粮大县、种粮大户等多种代表数量指标的称号。从今天来看，数量是保证了，但常与市场消费脱节。2017年中央一号文件就明确提出了市场导向和质量导向，就是要适应消费结构的变化，用消费结构来引导生产结构。从政府角度而言，就是要适应消费结构变化和买方市场特点积极进行政策调整。

当然这种调整是十分艰难的，客观现实与政策目标存在落差。一边是在农产品质量监管和区域品种生产规划、市场服务等方面，存在政府缺位和市场越位的问题；另一边是政府仍然在直接主导农业生产发展，直接投资农业产业项目，造成政府越位与市场缺位的问题。在政府积极作为下，非市场性地把同一产品的生产规模迅速扩大，同质相争就难以避免价格下跌、产品大面积滞销。这样一来，实际上扭曲

① 中共中央文献研究室.十八大以来重要文献选编（上）.北京:中央文献出版社,2014;499.

了市场价格和供求关系，影响了市场机制作用的发挥，造成相当长时期内农村经济一直没有走上良性发展轨道。

如何发挥市场对资源配置的决定性作用，习近平总书记强调，"要根据市场供求变化和区域比较优势，向市场紧缺产品调，向优质特色产品调，向种养加销全产业链调，拓展农业多功能和增值增效空间"①。最为关键的是如何找准有为政府与有效市场的黄金结合点，激活市场、激活主体、激活要素。其中，激活市场的改革至关重要，既要完善产权制度，实现要素市场化配置，又要进行政府职能转换的改革，清晰有为政府和有效市场的行为边界，使有为的政府不包办一切，而首先成为公共事务的承担者、责任者；同时，更需要激活主体和要素，加快农业生产要素的市场化改革和对市场主体的赋权与培育，不断增强市场对农业经营主体的行为主导性和对农业供给侧要素的配置能力与配置效率，以破解政府过度干预和农业生产要素市场化滞后、经营主体行为扭曲导致的农产品市场供求不协调困境②。

有为政府的主要职能是改善市场环境、弥补市场失灵和提供公共品③，也就是优化制度供给、政策供给、服务供给，充分发挥市场对结构性调整的决定性作用，把不该管的"放"给市场，推动有效市场的形成与完善，而不是大包大揽去干预农民具体的经营行为和生产行为。因此，政府应改变依靠行政手段推进农业现代化的传统做法，集中精力做好农户、企业和市场做不了的事情④。重点是破解农业资源要素错配与市场扭曲问题，有效发挥市场需求的导向作用和政府政策、制度供给的推动作用，推进品牌认知、品牌营销、品牌推广，突出"优质优价"以减少无效供给、扩大有效供给，促进农业供给结构和资源优化配置，推进供给结构和需求结构优化升级，使农产品供给

---

① 习近平.论"三农"工作.北京:中央文献出版社,2022:137.
② 黄祖辉,胡伟斌.全面推进乡村振兴的十大重点.农业经济问题,2022(7).
③ 黄季焜.四十年中国农业发展改革和未来政策选择.农业技术经济,2018(3).
④ 李周.以新理念拓展农业现代化道路.人民日报,2016-02-14.

数量、品种和质量不断满足市场需求，实现农业发展质量变革、效率变革、动力变革。

2017年中央一号文件就明确提出，"推进农业供给侧结构性改革是一个长期过程，处理好政府和市场关系、协调好各方面利益，面临许多重大考验。"① 在农业发展实践中政府和市场结合得最好的案例，就是农机社会化服务。凡是农机服务专业户，政府在政策上都按照统一的标准给予农机补贴；凡是进行农业生产服务的，交给市场，让农民按照市场价格支付服务费用。这样一来，政府提高了投入效益，农民降低了生产成本，政府、市场、农民三方以及各种要素都实现了配置最优化、效率最大化。

（三）如何确保农业发展的三条底线不出问题

在工业化、城镇化的进程中，农业在国民经济中所占份额呈逐渐下降趋势，与此同时，非农产业的高附加值和增长的快速性具有难以抵御的诱惑力，农业的战略地位最容易被人忽视。对于各级地方政府来说，城镇化的诱惑力太大，工业化的诱惑力太大，因为能够带来高额的经济效益、高额的财政收入，而农业是薄利产业，回报率太低。解决这个问题就需要党和政府拥有长远的战略眼光和非凡的战略定力。

一是必须确保农业生产能力持续提升。2017年发布的中央一号文件，没有像过去那样强调粮食产量了，是一个前所未有的政策变化。然而，这是不是意味着现在粮食多得卖不完了，可以放弃农业生产了吗？张红宇认为，"粮食安全的核心是总量安全，需要最大程度提升自给率。没有总量，就没有质量，就没有结构优化。"② 而中国的粮食供给也不可能完全交给市场，为什么呢？中国是个14多亿人

---

① 中共中央 国务院关于深入推进农业供给侧结构性改革 加快培育农业农村发展新动能的若干意见. 国务院公报, 2017, (6).

② 张红宇. 加快建设有中国特色的农业强国. 农民日报, 2022-10-26(5).

口的大国，改革开放以来，市场主体呈现多元化、经济利益出现多元化、社会阶层同样多元化，如果不能对事关农业发展的国家重大战略形成共识，社会发展就会迷失方向。习近平总书记就特别强调，"对粮食问题，要善于透过现象看本质。在我们这样一个 13 亿多人口的大国，粮食多了是问题，少了也是问题，但这是两种不同性质的问题。多了是库存压力，是财政压力；少了是社会压力，是整个大局的压力。对粮食问题，要从战略上看，看得深一点、远一点。"①

　　比如有这样一些观点，认为中国的粮食供给完全可以交给市场调节。当前农产品市场价格国内外倒挂，国外农产品价格那么低，国内农产品价格那么高，是不是可以按照国际分工比较优势理论全面进口农产品？像菲律宾、越南、朝鲜这些中小国家可以，粮食生产能力出了问题，几个农业国家挤出一点就可以养活这些国家。而中国一旦丧失粮食生产能力，不仅仅是一个"谁来养活中国"的世纪难题，即使国外的农产品能够养活中国，可饭碗端在别人的手中就必然受制于人。在全球竞争中，粮食、货币、石油作为美国的三大经济武器，这是公开的秘密。如果人口大国——中国的粮食供给主要依赖国外供给的话，不考虑国家安全，单纯市场角度分析，对于一个对粮食有着巨额需求的国家来说，就意味着必然会形成一个占据垄断地位的世界粮食卖方市场。

　　二是必须确保农民持续增收。习近平总书记提出，"农民的钱袋子鼓起来了没有，是检验农业供给侧结构性改革成效的重要尺度，要广辟农民增收致富门路，防止农民增收势头出现逆转。"② 现在有一种不容忽视的现象，尽管政府出台了不少强农惠农的政策，但是有意愿种田的农民却在减少。为什么很多人不愿意去种田了？主要原因就是政府在关注粮食安全，农民在关注种粮收益，而鼓励支持农产品增

　　①　习近平.论"三农"工作.北京:中央文献出版社,2022:247.
　　②　关于深化供给侧结构性改革(2016年12月14日)//论坚持全面深化改革.北京:中央文献出版社,2018:305.

收和农民增收没有统一起来，保障农业供给与增加农民收入未能实现一致。时任中央农村工作领导小组办公室主任唐仁健在向媒体解读2017年中央一号文件时强调，农业供给侧结构性改革成不成功，不仅要看供给体系是否优化、效率是否提高，更要看农民"钱袋子"是否鼓起来①。因此，必须把"农民增收"放在第一位，主要目标是增加农民收入、保障有效供给，因为供给体系的优化，最终目的也是为了让城市消费者和农民实现双赢。

随着种田收入与打工收入和种其他作物收入的差距越来越大，如果种田不赚钱，如果其他的投入收益远远超出种田的收益，再蠢的人也不会去种田了。今天农民追求的早已不是满足于温饱，而是如何发家致富。习近平总书记特别强调，"谁来种地"这个问题，说到底，是愿不愿意种地、会不会种地、什么人来种地、怎样种地的问题。核心是要解决好人的问题，通过富裕农民、提高农民、扶持农民，让农业经营有效益，让农业成为有奔头的产业，让农民成为体面的职业，让农村成为安居乐业的美丽家园②。

只要农业能够赚钱，就会有人去种田，不要担心没人种田。同时，农民增收实际上是关系到一个农业的竞争力问题，有竞争力就能够有利润，有利润农民就能够增收。这就意味着，价格的形成要由市场的供求状况来决定，但必须考虑到农民的收益。

三是必须确保农村持续稳定。改革开放以来中国农业农村取得的巨大成就，充分表明持续深化改革是促进农村持续稳定的关键一招。现在很多农村农业改革为什么难以推动？一方面是因为改革进入了深水区，好改的、容易改的已经改了，剩下的都是难啃的骨头。另一方面也是因为现在出台的一些政策与实际结合不够紧密，一些政策实干

① 赵永平,朱隽.聚焦中央一号文件:农业供给侧结构性改革怎么看怎么干——中央农村工作领导小组办公室主任唐仁健.中国经济周刊,2017(6).
② 中共中央文献研究室.十八大以来重要文献选编(上).北京:中央文献出版社,2014:678.

不够、释放出的红利不足，基层和农民从政策中得不到良好预期、得不到好处，自然积极性就不高，甚至一些改革措施还会增加基层的成本、农民的成本，农民就更加不会支持和落实了。

在一个国家新型城镇化试点的地方调研发现，上报的关于农民市民化改革的材料很好，但实际上改革前和改革后该地区情况基本上没有什么变化。为什么会出现这种情况呢？因为改革试点要求建立农民市民化成本分摊机制，而对怎么分摊成本却一直没有界定央地各级的分摊比例，如县政府承担多少，市政府承担多少，省政府承担多少，中央政府承担多少，这样一来一个靠中央转移支付来养活自己的农业大县，不论是县政府还是农民，都没有这个能力来分摊，自然也就无法真正推进所谓的改革试点。如果要强行将改革成本分摊到基层和农民，确保农村持续稳定就会面临挑战。

当前要牢牢守住农村持续稳定这个底线，就必须防止政策写在纸上、以文件落实文件的纸上谈兵式的农村改革的蔓延。

（四）如何创新农村集体经济的实现形式

现在有两个关键词在社会上争论很大，就是集体经济和集体化，这两个问题事关重大，需要全方位探讨。如何创新集体经济，也就是如何赋予集体经济以新的时代内容，一定程度上将决定农村新一轮改革的成败。但集体经济就是集体化吗？有一个观点认为，发展集体经济就是要走集体化的道路，理论根据之一就是邓小平的"两个飞跃"，并以此提出农村所有制的集体化。

先不谈理论层面，从现实出发来观察支撑这些观点的实践案例，比如南街村、华西村。在市场经济的大背景下，南街村、华西村的集体经济中有那么多的村外劳动力、村外资金和其他要素，既有集体的，也有个体的，还有股份的，等等，实际上是多种所有制形式的混合经济。传统意义上集体化道路的集体经济，具有区域性和排他性，如果没有这些村外劳动力、村外资金和相关要素的进入，南街村、华西村的集体经济如何发展？那么，可不可以认为，南街村、华西村的集体经济其实是以集体所有制为主体的多种所有制共同发展的农村集体经济？同时，南街村、华西村的发展模式是农业现代化的道路，还是农村城镇化、工业化的道路？应该是后者而非前者。

因此，当前必须明确的一个问题是，农村集体经济并非是集体化，集体化只是农村集体经济中的一种形式。在这个问题上，把握不好就容易走上另外一个歧路，这是当前改革最重要的几个核心问题之一和最重要的动向之一。中国经济发展奇迹的秘诀是什么？由于既经历了"一大二公"的集体化道路的探索，其经验与教训成为今天的宝贵财富；又目睹了资本主义国家私有制的发展历程，其成就与缺陷可作为借鉴。从而就能够充分发挥公有制（包括集体所有制）和个人所有制这两种所有制的优势，又避免了各自的局限，实现对人类史上两种所有制的超越。这不是对两种所有制的简单重复，而是集中了这两种所有制的优势，成为一种崭新的所有制形式，这种创新无疑蕴含着前所未有的力量。

那种"一大二公"的实现形式，无论是苏联和东欧的历史还是中国的历史，都已经证明了是一条走不通的回头路，也就是习近平总书记明确反对的"封闭僵化的老路"①。中国要实现后发赶超，当然是需要追赶西方和学习西方，但绝非重复西方错误的道路。西方的资本主义制度确实是当时最为先进的制度，对于推进人类社会的发展有着前所未有的历史贡献，马克思对此也予以高度肯定，"在它的不到100 年的阶级统治中所创造出的生产力比过去一切世代创造的全部生产力还要多，还要大"②。而西方的资本主义制度的兴与衰，尤其是私有制的罪与恶，也一览无余地暴露在历史的阳光下，就是习近平总书记明确要求反对的"邪路"。

---

① 坚定不移高举改革开放大旗. 人民日报，2021-04-21(5).
② 马克思. 恩格斯. 共产党宣言. 北京：人民出版社，1997.

比如西方资本主义制度下的工业化和城镇化道路，造成城市人口快速膨胀，设施超负荷运转，工厂林立、交通拥挤，环境污染不断恶化，严重威胁到城镇居民的日常生活和身体健康。对此，恩格斯在《英国工人阶级状况》中描述那个时代的工业化，对伦敦的环境污染进行了尖锐的批评："居民的肺得不到足够的氧气，结果肢体疲劳，精神萎靡，生命力减退"①。如何避免重复西方工业化、城镇化进程中的错误，费孝通早于30多年前就在《小城镇大问题》一文提出了中国城镇化道路是小城镇为主、大中城市为辅的主张，并预言大城市模式在中国可能引发的问题②。但遗憾的是在相当长一段时间里，中国基本上重复了西方工业化和城镇化的道路，也不同程度地重复了西方工业化和城镇化进程中的"大城市病"。

今天的所有制也是一样，不是私有制一切都很好，也不是私有制一切都很坏。马克思在《资本论》中称资本主义股份制是对于传统私有制的一种"消极扬弃"，而劳动者联合体则是对于私有制的一种"积极扬弃"。既然是扬弃，就不是消灭。中国的农村发展经历了私有化到集体化的历史变迁，可以把两者的优势都结合起来，就是以集体所有制为主体的混合所有制，赋予集体经济一种新的实现形式，既不是传统意义上的私有制，也不是传统意义上的集体所有制，是多元组合、优化配置各方面优势的新型集体经济。

对此，习近平总书记明确提出，"要稳步推进农村集体产权制度改革，全面开展清产核资，进行身份确认、股份量化，推动资源变资产、资金变股金、农民变股东，建立符合市场经济要求的集体经济运行新机制"③。通过创新集体经济的实现形式，形成农村经济社会发展共同体，既超越了西方的道路，又弥补了集体所有制的历史局限。

---

① 马克思.恩格斯.马克思恩格斯文集(第一卷).北京:人民出版社,2009:409.
② 费孝通.小城镇 大问题.江海学刊,1984(1):6-26.
③ 走中国特色社会主义乡村振兴道路(2017年12月28日)//论坚持全面深化改革.北京:中央文献出版社,2018:399.

这是一条能够实现邓小平提出的"第二个飞跃"和习近平总书记所提出的"共同富裕"的中国道路。

（五）如何处理改革成本与改革红利的关系

农业农村改革进入深水区后，面对的核心问题是如何处理好国家与农民、集体的关系问题，也就是改革成本与改革红利的关系问题。为什么这么说？回顾十九个中央一号文件可以知道，那些对农民、集体释放红利很大的文件，对谁承担改革成本、谁获得改革红利定位很清晰的，改革成本与改革红利相对应的关系也非常明确的，关系处理好了的，这个文件推行的改革就成功了；而那些改革的成本由基层来承担、由农民来承担的，基本上就流于形式主义，也只能"以文件落实文件"，见不到任何实效。

如何处理改革成本与改革红利的关系？首先要明确改革达到什么战略目的，实现什么长期利益和短期利益，实现什么政治效益和社会效益，然后再进行评估哪些是国家利益，哪些是地方利益。以此为基础，明确中央政府要承担什么责任，省级政府要承担什么责任，其中属于国家利益的改革成本由中央政府来承担，属于地方利益的根据权责关系由相应的地方政府承担。如果改革成本和改革红利的关系没有理顺，改革基本上就难以推进。有些一号文件为什么没有执行好？就是没有处理好改革成本和改革红利的关系问题，有些改革就是中央发文件，地方买单而没有红利，所以就缺乏积极性。

比如说农民收入增长一直是每个中央一号文件的重点，都强调要建立农民收入的增长机制。而收入增长从哪里来？国际农产品市场进口冲击越来越大，很难靠农业这个总体上属于薄利产业的收入作为农民增长的主体部分，不可能带来很大的增长。而国民经济增速不断放缓，工资性收入增长同样难度很大。从城乡对比中可以发现，城镇居民收入为什么能够快速增长？除了工资收入外，还有一个最大的收入就是财产性收入。最突出的就是房子，短短的时间就基本上翻了好几倍，这比什么工资性收入都要高，比什么收入都要增长得快。而农民就没有多少财产性收入，收入很难实现与城镇居民相应的增长。

党的二十大报告提出，"多渠道增加城乡居民财产性收入"，"深化农村土地制度改革，赋予农民更加充分的财产权益"。如果要加快农民收入增长，就要实现城乡平等，必然要求真正贯彻好党的二十大精神，增加农民财产性收入。这就牵涉到体制改革，很多相关政策供给和法律供给，需要由中央来承担，这个深水区是地方政府无法越过去的。

（六）如何定位小农经济与规模经营

规模经营是农业现代化的基础，这是毫无疑义的。但问题是，规模经营是否就是耕地面积的规模呢？有一个众所周知的论断，就是农业的根本出路在于机械化，实质就是农业的技术装备现代化。按照这个逻辑得出的第二个判断，就是农地规模经营是实现农业机械化的必由之路。由此而得出的结论就是，没有耕地面积的规模就不能实现农业机械化，也就不能用现代技术装备来经营农业，结果就是无法实现农业现代化。

但是，今天中国农民的实践，却打破了这个论断。比如湖南很多地方人均只有八分地，又大多是丘陵地带和山区，尽管是这么小的规模，除了插秧以外，基本上都实现机械化，都是用现代技术来装备农业。还有河南、河北和东北地区等平原地带就更不用说了，没有美国那么大的规模农场，却使用了美国那样大规模的农业机械。为什么能？中国农民的伟大创新，就是区域合作的社会化服务。每个小农没有条件都购买农业机械设备，但通过农业机械的社会化服务使用了现代化装备。所以，社会服务的规模化，弥补了耕地规模的不足，成为一种新的规模经营形式，赋予农业规模经营新的时代内容，符合邓小平提出"第二个飞跃"所明确的"适应科学种田和生产社会化的需要"①。因此，就需要重新定位小农经济与规模经营。

　　就现阶段的中国农业发展水平而言，按照农村家庭经营的方式，必然规模不大。特别是人多地少难以改变的基本国情，又能够允许多大面积的规模经营？习近平总书记在 2013 年中央城镇化工作会议上指出，"在人口城镇化问题上，我们要有足够的历史耐心。世界各国解决这个问题都用了相当长的时间。"② 同时，习近平总书记在小岗村考察时也指出，规模经营是现代农业的基础，但改变分散的、粗放的经营方式，是需要时间和条件的，要有足够的历史耐心③。一个是规模经营，一个是人口城镇化，都必须要有足够的历史耐心，是对历史发展阶段和基本国情的深刻把握。中国即使实现 80% 的城镇化，也还有 20% 的农业人口，20% 就是近 3 亿人，按照 18 亿亩耕地红线就是人均 6 亩耕地，这说明对耕地规模的硬约束是我国基本国情。日本农业现代化的历程要远远早于我们，规模经营基本上是 30 亩地左右，中国需要多长时间才能达到这个水平，取决于中国工业化和城镇化的水平，更取决于农业的现代技术装备水平。因此，必须清醒地认识到，小农经济将在中国相当长时期存在。邓小平提出"第二个飞跃"时，也认为"当然这是很长的过程"。

　　农业的特殊性在于是以自然界的生物作为劳动对象，且是利用生物有机体的生命活动进行生产的④，这就决定了其劳动对象、生产方式与工业有着根本区别，也决定了农业发展不仅要遵循经济规律，还要遵循自然规律。马克思指出，农业作为"经济的再生产过程，不管它特殊的社会性质如何，在这个部门（农业）内，总是同一个自然的再生产过程交织在一起"，"在所有生产部门中都有再生产；但是，这

　　① 邓小平.邓小平文选(第3卷).北京:人民出版社,1993:237.
　　② 中共中央文献研究室.十八大以来重要文献选编(上).北京:中央文献出版社2014:595.
　　③ 唐仁健.树立和践行三农工作的大历史观.求是,2016(20).
　　④ 李根蟠.农业生命逻辑与农业的特点.中国农史,2017(2).

种同生产联系的再生产只有农业中才是同自然的再生产是一致的"①。由于农业与工业相比具有自然再生产的独特性，导致农业发展与工业发展存在着一系列不同的变化。在工业的生产过程和劳动过程中，通过集体化生产和专业化分工可以极大地提高劳动生产率，而农业的生产过程和劳动过程，有些环节可以进行集体化生产和专业化分工，而有些环节如自然再生产就不能开展集体化生产和专业化分工。历史上曾经的集体化实践，就是忽视了农业发展的这种独特性，简单地按照工业的集体化劳动来发展农业，其所带来的深刻教训今天仍然值得不断反思。

破解小农经济条件下规模经营问题的关键，就是提高农民的合作能力。比如社会化服务的跨区域协作，对农民的合作能力有着很高的要求。像中国台湾地区的农会，就是通过提高农民的合作能力，使小农经济实现规模经营的成功案例，其经验值得借鉴。当前，全国各地已经在探索农村专业合作组织，可以跨区域合作，理论上来讲完全能够发挥类似台湾农会那样的作用。但现实中为什么进展不大、作用有限？主要是因为农村行政管理体制改革的严重滞后，这就迫切需要推进新一轮农村改革。党的十八届三中全会就已经明确要求，政府要向市场放权、向社会放权、向地方放权；而且提出直接面向基层、量大面广、由地方管理更方便有效的经济社会事项，一律下放地方和基层管理②。如果能够全面放活农民合作组织，就可以激发农村发展的巨大活力。怎么样加强农民合作，这将是今后农村政策目标的一个大方向。

（七）如何把握农业保护与农民国民待遇问题

农业和农民既相联系，又有区别，如果不能很好地把握这一点，

---

① 马克思,恩格斯. 马克思恩格斯全集(第24卷).北京:人民出版社,1972:398-399.
② 中共中央关于全面深化改革若干重大问题的决定. 人民日报,2013-11-16.

就会使一些农业政策走偏。之所以进行农业保护，主要是为了在中国工业化、城镇化进程中确保农业作为国民经济基础的战略地位，确保人口大国的农产品有效供给，确保国家的粮食安全。而从事农业的农民在农业发展中居于主体地位，只有进行农民保护才能有效地进行农业保护。在市场经济背景下，包括劳动力在内的农业资源要素配置是由市场机制决定的，农民已经由静态的身份向动态的职业演变，从事农业的不仅包括农村居民，还有城镇居民；不仅包括劳动力，还有资本。

特别是在"三权"分置改革后，情况更加复杂化，既有承包权的农民，还有经营权的农民。这就引发了一个问题，是保护承包权还是保护经营权？保护承包权本来是为了保护农民利益，但这个拥有经营权的农民不从事农业而是转让经营权收取"地租"了，在理论上来讲就是新的"地主"，而通过付出"地租"获得经营权的农民以及资本就是"佃农"，是真正从事农业经营的主体。耕者有其田应该是让经营者有其田，可现在经营者无其田变成了"佃农"，原来承包权变成一个小土地出租权。

农村政策至今一直在强调保护承包权，如果转让经营权的农民完全城镇化了，承包权所赋予的小土地出租权也随身进城，结果是付出"地租"获得经营权的主体作为"佃农"在高成本经营农业。还有一个问题是当前农业补贴基本上是附加在承包权上的。根据调查发现，内蒙古呼伦贝尔的草地补贴一户一年是30多万，不少牧民就到城里买房子坐享补贴。包括粮食补贴等基本上也是附加在承包权上，是在补贴农业经营，还是在补贴土地承包权？由此可以判断，有些农民是超国民待遇的，而农业产业是低国民待遇的。这就引发了第二个问题，谁是农民，怎么保护农业和怎么保护农民？

根据在河南的调研，地方政府大力推进新农村建设，把农民的房子都建好了，农民居然不肯入住，为了调动农民入住的积极性就免水电费。而城镇居民都没享受过免水电费这个待遇，难道不是超国民待遇？当然这个超国民待遇与农民自身无关，根源在于现在的行政管理过度依赖单一和单向的传统手段，缺乏应对多元社会的现代治理能力。当然，有农民超国民待遇现象，也有农民低国民待遇问题。如农村公共产品和公共服务、社会保障等则更多的是低于城镇水平，城乡二元体制没有给予农民平等的待遇。什么是农民国民待遇？怎么摆正农民国民待遇？要桥归桥，路归路。农民既要享受国家公民的平等权利，同时要履行公民的基本义务；既不能让超国民待遇的"喂养"方式造成农民失去自我发展能力，也不能让低国民待遇的"贱养"方式使农民失去公平竞争的机会。

另一个问题就是谁是农民？过去称之为农民的，是固定在这一个区域内从事农业劳动的群体。在很多人看来，农民这个社会阶层基本上都属于"弱势群体"。现在的农民已经发生了历史性的变迁，有土地承包权的农民，有土地经营权的农民。由此发生了很大的分化：有开名牌小车、住豪华别墅、家产上亿的农民，有游手好闲、不事稼穑的农民，有长期在外打工、很少回乡的农民，有守望家园、长期从事农业生产的农民，还有很多类别很难界定。所以，谁是农民，属于什么样的农民，都要根据具体情况进行具体分析，这无疑给今后的惠农政策带来了前所未有的挑战。

四、农业供给侧结构性改革最为紧迫的任务

推进农业供给侧结构性改革，是"三农"领域的一场深刻变革。习近平总书记强调，"质量就是效益，质量就是竞争力。过去，长期短缺，搞农业主要是盯着产量，生产什么卖什么，卖不出去由国家来兜底。现在，情况变了，这一套搞不下去了。我在去年全国两会期间讲过，农业的主要矛盾已经由总量不足转变为结构性矛盾，突出表现为结构性供过于求和供给不足并存。当前，一些大宗农产品总量过剩，库存积压严重，价格下行压力大，必须下决心对农业生产结构和生产力布局进行大的调整，尽快实现农业由总量扩张到

质量提升的转变。这是农业供给侧结构性改革最为紧迫的任务。"①
这是针对供需结构性矛盾这一农业发展的主要矛盾而提出的"治本之
策",是推动农业发展实现战略转型的重大举措,关系中国农业的长
远发展。

(一) 实现农业结构优化

中国农业农村发展进入结构升级、方式转变、动力转换的平台
期,结构性问题成为突出矛盾,主要表现在品种结构、品质结构、生
产结构、经营体系结构、产业结构、区域结构等多个方面。韩长赋认
为,推进农业供给侧结构性改革,要以市场需求为导向调整完善和优
化产品结构、产业体系、生产体系、区域布局、经营体系、资源利用
方式②。

如何消除无效供给,增加有效供给,减少低端供给,拓展高端供
给,党的二十大报告提出,"树立大食物观","构建多元化食物供给
体系","发展乡村特色产业"。这就需要顺应消费结构的变化趋势,
立足比较优势,调优产品结构、调绿生产方式、调新产业体系,优化
区域结构,以适应市场需求,使大宗农产品突出优质,其他农产品突
出特色,从而避免同质化,实现农产品差异化竞争和错位发展。

(二) 提高农业市场竞争力

中国农业正承受着农产品成本"地板"上升与价格"天花板"下
压的双重挤压、农业生产和价格补贴的"黄线"逼近与农业资源环境
"红灯"亮起的双重约束,根本原因在于农业的综合竞争力不强。程
国强就认为,人多地少的基本国情,加上农业进入高成本阶段,决定
着中国农产品不具备低成本优势,农业缺乏基础竞争力将是一个不可

---

① 走中国特色社会主义乡村振兴道路(2017年12月28日)//论坚持全面深化改革.北京:
中央文献出版社,2018:401.

② 韩长赋.着力推进农业供给侧结构性改革.求是,2016(9):37-39.

回避的常态，这意味着实施差异化竞争战略，应以挖掘农业多功能供给以及多元化需求作为中国塑造农业竞争力的基本取向[①]。

推进农业供给侧结构性改革，就是要以市场导向为关键切入点，从供给端发力，优化农业供给结构和资源配置，淘汰落后的生产模式，推动供给结构和需求结构优化升级，使供给数量、品种和质量不断满足市场需求。农业供给侧结构性改革为全面提升农业市场竞争力提供了主要着力点，即加快农业发展方式由"以量取胜"的低端路线向"高品质、高附加值、高盈利"的品牌路线跨越，由外延扩张型向内涵集约型跨越、由规模速度型向质量效率型跨越。

（三）加快农业体制机制创新

农业供给侧结构性改革，既是一场广泛的生产力调整，也是一次深刻的生产关系变革。要用改革的办法来推动农业农村发展由过度依赖资源消耗、主要满足"量"的需求，向追求绿色生态可持续、更加注重满足"质"的需求转变[②]。改革的核心既涉及产品结构、产业结构、经营结构、区域结构的调整，也涉及制度变革、结构优化、要素升级决定的全要素生产率提高[③]，意味着需要破除制度性障碍，关键在于完善体制、创新机制来释放活力和红利，以矫正供需结构错配和要素配置扭曲，解决有效供给不适应市场需求变化的问题，使供需在更高水平实现新的平衡。

因此，要牢牢把握创新体制机制这个主要着力点，紧紧围绕使市场在资源配置中起决定性作用和更好地发挥政府作用，通过变革体制机制来破解农业供给侧结构性矛盾，建立以市场需求为导向、以科技

---

① 程国强.中国农业要理顺三大关系.农民日报,2017-07-04(4).

② 赵永平,朱隽.聚焦中央一号文件:农业供给侧结构性改革怎么看怎么干——中央农村工作领导小组办公室主任唐仁健.中国经济周刊,2017(6).

③ 韩俊.推进农业供给侧结构性改革提升农业综合效益和竞争力.学习时报,2016-12-16.

为支撑、以市场价格形成机制为目标、以适度规模经营为抓手的体制机制。可见，推进农业供给侧结构性改革，既是全面激活市场、激活要素、激活主体的重要前提，也是农业体制机制创新、形成中国特色农业现代化道路的根本动力。

（四）实现农业可持续发展

生态兴则农业兴，农业兴则国家兴。中国农业发展取得了辉煌成就，但也付出了巨大的环境代价。一些地方为了追求农业增产，过度消耗土壤肥力和地下淡水资源、超量使用化肥和农药等，不仅造成产品积压、资源浪费，还引发了资源破坏、环境污染、水土流失、土地沙漠化等一系列问题，不仅需要有效解决国内农产品供求结构失衡，更需要解决农业资源环境压力加大等实际问题[①]。在进入供需基本平衡、丰年供大于求的新格局下，农业发展的根本目标在继续保持"保障农产品供给确保粮食安全"和"增加农业生产者收入"的同时，需要增加"保持农业可持续性"的第三个目标，使农业作为一个整体，成为可以连续和重复的过程的状态[②]。

因为农业作为一个特殊的产业，不仅要遵循经济发展规律，还要遵循自然生态环境发展规律。推进农业供给侧结构性改革，就必须强化对农业资源环境突出问题的综合治理，减肥减药，实行绿色种植、循环种养、休耕轮作、生态修复，切实把过量施用的农药化肥减下来，把超过生态承载能力的边际产能退下来[③]，促进农业可持续发展。推进农业供给侧结构性改革，就要推行绿色生产方式，以绿色产能的增长接替边际产能的退出，延长和重构农业产业链、价值链[④]，

---

① 李周. 以新理念拓展农业现代化道路. 人民日报, 2016-02-14.

② 杜志雄. 中国农业政策新目标的形成与实现. 东岳论丛, 2016(2).

③ 韩俊. 推进农业供给侧结构性改革提升农业综合效益和竞争力. 学习时报, 2016-12-16.

④ 叶兴庆. 深入推进农业供给侧结构性改革. 经济日报, 2016-12-15.

为促进农业可持续发展提供有效途径；就要尊重农业发展的生态规律，维护生态资本，提高生态效益；就要立足不同区域资源环境条件，以严格保护自然生态系统为前提，以区域优势互补为目标，因地制宜明确区域农业可持续发展重点，实现农业生产资源的优化配置。

（五）为乡村振兴提供内在动力

从发达国家农业现代化的经验来看，农业现代化的每一次飞跃都会引起乡村发展的现代化变革。推进农业供给侧结构性改革，加快农业现代化，可以为乡村振兴提供科技动力、人才动力、产业动力。

一是提供科技动力。农业的出路在现代化，而农业现代化的关键在科技进步。现代科技是农业现代化和乡村振兴的重要驱动力。历史上，正是由于农业技术的不断进步，推动传统农业向现代农业不断演进。在推进农业现代化过程中，农业科技创新不断提高劳动生产率和资源利用率，加速了乡村发展的质量变革、效率变革、动力变革。比如，用现代科技提供的物质条件装备农业、改造农业，能够加快劳动力文化素质提高与管理创新的速度，从而为乡村振兴提供关键变量。当前，科技的不断创新特别是互联网的广泛应用，为新技术新产业新业态新模式在乡村的发展开辟了广阔空间，有力促进了乡村多元发展并加快新动能成长，重构乡村产业链和价值链，优化乡村产业结构，带动一二三产业融合发展和专业化分工，也让传统产业焕发出生机与活力，成为乡村振兴的直接推动力。

二是提供人才动力。农业现代化道路是致力于实现经济效益、社会效益、生态效益相统一的可持续发展道路，确保农产品有效供给、生态安全和农民收入增长是其基本目标。农业现代化将不断激发人才创新创造创业活力，既是乡村人才实现自我价值的重要途径，也是农村现代化的前提与保障。还应看到，人力资本是农村经济社会发展的主要动力源泉。在社会主义市场经济条件下，农业现代化推动城乡人才资源双向流动，农业比较效益的高低决定着乡村人才的去留。乡村振兴，人才是关键。随着农业现代化的不断推进，农业的功能不断拓展、价值不断凸显，农业增值能力和比较效益不断提升。这必将吸引越来越多的人才来到乡村，投身农业，从而打破长期以来人才由乡村向城市单向流动的局面，形成返乡创业、资本下乡的新局面，为乡村振兴提供有力的人才支持。从这个意义上讲，以农业现代化为目标的乡村产业振兴与人才振兴有着紧密的互动关系，两者互相作用、相得益彰。

三是提供产业动力。农业是乡村的基础产业、核心产业。只有农业成为有奔头的产业，乡村才会有活力，农民才会成为有吸引力的职业。没有农业现代化就不可能实现产业兴旺，推进农业现代化是实现乡村产业振兴的必由之路。农业现代化顺应社会生产力发展的客观要求，以合理的产业结构、先进的生产方式、现代的科学技术为支撑，优化农业供给结构和资源配置，培育家庭农场、农民合作社等新型经营主体，推动小农户和现代农业发展有机衔接，健全农业产业体系、生产体系、经营体系，提高农业综合生产能力，从而推动供给结构和需求结构优化升级，带动乡村产业市场竞争力全面提升，为乡村产业兴旺提供强大基础动力[1]。

由上可见，为乡村振兴提供源源不断的内在动力，正是农业供给侧结构性改革的必然结果。

五、农业供给侧结构性改革从何处突破

习近平总书记提出，"走质量兴农之路，要突出农业绿色化、优质化、特色化、品牌化"，"要做好'特'字文章，加快培育优势特色农业，打造高品质、有口碑的农业'金字招牌'[2]。那么，农业供给

① 陈文胜. 为乡村振兴提供内在动力. 人民日报, 2019-05-13.

② 走中国特色社会主义乡村振兴道路(2017年12月28日)//论坚持全面深化改革. 北京: 中央文献出版, 2018: 401-402.

侧结构性改革从何处突破，要回归到两个关键问题，即农业发展不仅要遵循自然规律，还要遵循市场经济规律。既然农业生产能力没有问题，农产品不是生产不出来，而是卖不出去，可以像工业的供给侧结构性改革那样减产能吗？不能。作为全球人口大国的粮食安全，显然农业不但不能够减产能，还要强化产能。

　　既然不能通过减产来实现农业供给侧结构性改革，那么改革的着力点在哪里呢？对于如何加快国民经济转型，推进供给侧结构性改革，2016 年国务院下发了《关于发挥品牌引领作用推动供需结构升级的意见》，对整个经济领域提出了一个品牌战略，以品牌引领供需结构转型升级①。可以说，这个文件真正指明了供给侧结构性改革的战略着力点。品牌是竞争力的综合体现，对于中国农业而言，不仅供需结构矛盾突出，而且品牌发展的水平相比工业更低。比如最具代表性的农业大省湖南，大宗农产品如水稻产量很高，却没有叫得响的品牌；农特产品的品种很多，却少有叫得响的王牌。农产品的数量、产量地位与质量、品牌地位不对等，农业的竞争力能强吗？产品是不是品牌基本上决定着有没有市场竞争力、有没有效益。

　　如果不是因生产品牌而推进规模化，那必然导致规模化的供大于求，进而是规模化的农产品大面积滞销。如果不是因生产品牌而加强科技创新，科技创新只是单纯提高产量，那么即使农产品的数量保持了，其品质也无法得到保证，不能补充这个农产品品种所需的全部元素，不能保证这个农产品品种的味道和营养价值不变化。据有关研究发现，引发糖尿病的其中一个原因就是食用含硝酸盐过量的温室大棚蔬菜；由于大量施用氮肥，而温室大棚造成光合作用不充分，就形成了硝酸盐残留。

　　因此，推进农业供给侧结构性改革，首先就要明确战略着力点，

---

　　① 国务院办公厅关于发挥品牌引领作用推动供需结构升级的意见.国务院公报,2016 (18).

这就必然是发展农产品品牌，以此才能提高市场竞争力，实现由农产品规模化生产向农产品区域品牌化经营转变。

（一）农业是对生态环境有特殊要求的产业

农业生产过程是自然再生产与经济再生产紧密结合的过程。特定的农产品生产对自然生态资源及其空间分布与组合有着特殊的要求。那些品质优良、独具地域特色的农产品，是特定地域生态环境的产物，因而具有与生俱来的市场竞争力和品牌价值，是中国优化农产品供给结构的主攻方向。

1. 什么样的地域生态环境决定着生产什么样品质的农产品

农业生产过程是人类借助劳动手段利用土、水、光、热等自然资源，控制动物、植物、微生物等生物有机体的生命活动，生产满足人类生存发展所需要产品的过程。与其他物质生产部门不同，农业生产以自然再生产为基础，受生物的生长繁育规律和自然条件的制约，具有鲜明的地域性、季节性、周期性，不同生物的生长繁育规律不同，各自要求适应不同的生态环境。因此，生态环境的地域差异是农业生产地域分工的自然基础。中国幅员辽阔，不同地域的土、水、光、热等自然资源的数量、质量分布不同，决定了不同地域生产的农产品品种、品质存在差异。正是农业生产的这种自然规律，决定了什么样的地域生态环境生产什么样品质的农产品。"橘生淮南则为橘，生于淮北则为枳"。浙江西湖龙井茶如果在湖南生产必然会失去其独特的品质，山东烟台苹果如果长在海南则会无法入口，名特优农产品无一不是在特定的地域生态环境中生产出来的。

2. 什么样品质的农产品决定着什么样的市场品牌价值

在日益激烈的农产品市场竞争中，产品的品质决定着价值和影响力。农产品生产具有鲜明的地域性，在特定的生态环境条件下生产的农产品都有其特定的品质。在中国各地，或经过长期的自然选择，或是人们对农产品品种、生产方式的不断探索，或通过与自然规律相适应的现代技术手段，去芜存菁，形成了众多品质优良、独具地域特色的农产品。这些农产品不仅形成于特定的生态环境，具有地域特定条件下独特的文化底蕴、工艺技术，而且是经过自然和人工手段优胜劣汰的，能适应或引领消费者对品质的需求，因而在市场上往往表现出较强的比较优势。由于这种优势根源于"自然垄断"的地域生态资源，是其他地域所不能模仿的，因而也是最具有市场竞争力和市场品牌价值的。从中国现有的品牌农产品来看，无一不是来自特定地域的种植、养殖产品或原材料来自特定地域的产品。反观那些分布广、大众化的农产品，同质化竞争激烈，无法满足不同层次消费者的需求，即使生产规模再大、产量再高，也难以有市场竞争力，难以成为有影响力的市场品牌。

3. 什么样的产地区域范围决定着什么样的品牌产品生产规模

农产品的生产，取决于地域的生态环境和人们对生态资源的利用方式，对应的是特定农产品品种和人工培植手段。从地域生态环境来看，农产品生产的品种和品质取决于特定的生态环境，同一农产品离开特定的生态环境就会形成不同的品质差异；从人工培植手段来看，种养的密度、规模、工艺等必须与生物的生长繁育规律与生态环境的承载力相适应，尽管科学技术的创新和突破可以改造农业生产方式，提高农产品的产出率，但前提仍然是遵循农业的自然规律，如果超越生态环境的阈值就会适得其反[①]。从这一意义上讲，地域品牌农产品的生产并不是规模越大越好，其生产规模取决于特定地域范围及其资源承载力与合理的生产手段，盲目扩大规模必然会损害品牌农产品的可持续发展。2014年前后海南香蕉种植大幅减产、2015年陕西多地

---

① 奉清清.陈文胜:品牌建设是湖南农业结构优化的突破口.湖南日报,2017-02-09.

油桃滞销、2016年湖南多地柑橘滞销等，要么是忽视地域资源承载力，不断追求高产；要么是超越地域范围，盲目扩大品牌农产品生产规模，导致病虫害发生或品质下降、品质特色损害。这类案例比比皆是，教训十分深刻，其启示就是：地域品牌农产品的培育与发展，必须遵循农业生产规律，以特定地域范围及其资源承载力为基准，走符合地域实际和市场趋势的特色道路。

（二）推进地域品牌战略是市场经济的客观要求

中国农业发展到今天，农产品总量充足，温饱型农产品已经实现供需平衡甚至产能过剩，中高端农产品消费的市场空间很大但供给不足。如何确保农产品供给数量、品种和质量契合消费者需要，是农业供给侧结构性改革的重点。中国几千年的农耕文明孕育了诸多具有地理、历史、文化品牌价值的地域性农产品，其所具有的特殊品质，迎合了当今时代广大消费者的需求，在市场上最具优势和竞争力。大力培育地域品牌无疑是以市场需求为导向的农业产业结构调整的战略性选择。

1. 适应消费结构转型：地域产品最具比较优势

在经济发展、科技进步等多重因素推动下，世界范围内的农产品供给与消费日益丰富、多元，农产品消费总的趋势是从低层次、单一化不断转向高层次、多样化。随着中国工业化、城镇化的快速推进和城乡居民生活水平不断提高，国内的农产品消费进入整体结构转型期，消费范围不断拓宽，质量要求不断提高，个性化、多样化特点日益突出，消费选择从侧重农产品数量转而侧重安全、质量、品种、品牌、品质和特色，综合了特定自然因素和人文因素的地域产品越来越受到市场的青睐。尤其是随着"互联网＋"进入农产品销售领域，农产品消费便捷性大大提高，地方的名特优产品一上市就可以进入到每一个普通家庭，使诸多的地域产品供不应求。

与消费结构转型相适应，农产品市场竞争逐渐转向区域品牌型、品种差异化、品质高端化、资源特色化为主的竞争，只有那些结合了独特的地理环境、气候条件、生产方法，形成了与众不同品质和人文底蕴的地域农产品，才最具有市场"比较优势"，也是最难以仿效和超越的。因此，推进以地域品牌产品为主攻方向的农业结构调整，必然是未来一段时期中国农业供给侧结构性改革的重点。

2. 推进农产品去库存：地域品牌产品最能引领市场需求

自农业供给侧结构性改革提出以来，农产品"去库存"提上了议事日程。据有关部门统计，从 2001 到 2014 年，中国农产品贸易额占全球农产品贸易额的比重由 6.7% 提高到 13.9%，成为世界第一大农产品进口国[①]。但与此同时，以粮食、棉花等为代表的部分大宗农产品却库存大增，大量"非必需进口"农产品进口，导致国内部分农产品库存积压严重。从农产品供给的角度来看，这是中国农业生产经营长期注重产量、规模，忽视特色、品质、效率，导致农产品供需错位所引起的。在今天这样的信息化时代，低端农产品滞销、积压往往是消费者"用脚投票"的结果，近年来全国各地农产品"卖难"案例，大多是因为片面追求规模，忽视消费需求引起的。而特色化、多样化、精致化、品牌化的地域农产品却不能满足市场需求，即使是库存积压较重的稻米，那些在得天独厚地理条件中产出的优质稻米从来不愁销路。从这一意义上说，"去库存"就是要改变传统保"温饱"的数量增长模式，从适应需求、引领需求、创造需求出发，引导农产品供给结构重心向适应资源环境、更加契合消费者需要的地域品牌产品转变。

---

① 　吴琼.农产品去库存,过度进口须改变.新华日报,2016-01-14.

3. 促进农民增收：地域品牌产品最具增值潜力

众所周知，当前农业生产成本"地板"刚性抬升，而国际主要农产品价格连续下跌，并已经不同程度低于国内同类产品价格，中国农业正承受着农产品成本"地板"上升与价格"天花板"下压的双重挤压。今天的农民是在市场经济中进行公平竞争的市场主体，"谁来种地"问题的解决最终要依赖于农业效益的提高。有效应对这种双重压力，拓展农业发展空间，是农业供给侧结构性改革的重要目标。地域品牌产品既具有有形产品的效用，也因其反映特定的地理环境、人文因素从而具有无形资产的价值，相对于普通的农产品具有更大的增值空间。尤其是如果注册成为国家地理标志保护产品，一般都会带来产品大幅度的增值，并形成对整个区域农业的带动效应，这已经为广泛的实践所证明。同时，由于地域品牌产品只能在相同的水土、地貌、气候的地域内生产，其标准化生产、产业链延伸、品牌打造都相对容易组织，可以节约产业化成本，并具有与其他产业相关联的潜力，有利于拓展农业功能，提高农产品的附加值，因此是当前提升农业效益、增加农民收入的迫切需要。

（三）地域品牌：农业结构调整的主攻方向

推进农业供给侧结构性改革的关键，就是实现农业发展的战略转型，由农产品规模化生产向农产品地域品牌化经营转变，以扶持地域农产品品牌作为农业结构调整的主攻方向。

1. 优化农业区域结构：以地域品牌为导向

农业发展已经从产业时代迈入到产品时代，推进农业的区域化布局、专业化分工，在最适宜的地方培育最具优势的农产品，成为农业结构调整的关键。在中国这样地域广阔、自然条件各异、农业地域特征鲜明的农业大国，农业区域结构布局必然要立足于不同区域的农业资源禀赋、产业基础和市场需求，以具有与生俱来的资源稀缺性、产品唯一性、品质独特性和不可复制性的地域品牌为导向，优化农业的区域生产力布局，引导农产品向最适宜、最有优势的区域集中，避免区域农业同质化恶性竞争，适应个性化消费时代市场需求。要根据不同地区的实际引导重点发展的农业产业类型，比如，沿海经济发达地区应以外向型、高科技农业为重点，着力培育附加值高的区域高效农业品牌；平原地区应充分发挥大宗农产品生产的地理优势，促进种养结合并积极调整品种和品质结构，着力培育区域优质产品品牌；生态脆弱地区应重视大力发展节水农业、生态农业和特色农业，着力培育区域特色农业品牌；城市郊区应围绕拓展农业的多功能因地制宜发展都市农业，着力培育区域精致农业品牌。国家应发挥农业补贴、价格调控、金融支持、政策保险等政策手段的引导作用，鼓励和支持各地结合实际培育地域品牌产品，壮大具有区域特色的农业主导产品和品牌，调整优化农业结构。同时，要加快建立农产品品牌目录制度，创建区域农业公用品牌发展体系，强化对地域品牌的培育和保护，打响地域品牌名片。

2. 优化农业品种结构：以农业资源环境为基准

农业品种结构不仅决定着农产品的品质和特色，也在很大程度上决定着农业的市场竞争力。培育适应市场需求的农业品种结构是农业结构调整的重要环节。应基于消费导向优化农业品种结构，推动农业资源配置由注重农产品的规模化向注重农产品的特色化转变，大力开发农产品品种与地方气候、土壤、水质条件相适应的地方名特优产品，注重对独特资源、传统工艺、农耕文化等的挖掘，扶持发展地域农产品品牌作为名特优产品的主攻方向，满足消费结构升级的需要。建立全国性和地方性农业资源与环境动态监测体系，开展农产品地理资源普查，立足对各地农业资源的分析评估推进农产品品种开发，选育、开发区域资源优势明显、适销对路、有竞争力的地域品牌农产品，推动形成各具特色的"一县（乡）一品、一村一品"的格局。同时，建立和完善特色农产品产地认证体系，促进优质特色农产品地理标志商标注册，加强产权保护；完善科技服务体系，支持科研院所与县乡政府、农业经营主体开展科技合作，推进以企业、专业合作社等为主体的市场化技术创新体系建设；加强农业标准体系建设，完善农业投入品管理、产品分等分级、产地准出和质量追溯、贮运包装等方面的标准，推进农业标准化生产，大力发展无公害、绿色、有机农产品；加快建设农产品质量安全监管体系，尤其是加强县乡农产品质量安全监管能力建设，保障地域品牌农产品的质量和特色。

3. 优化农业产业结构：以地域品牌经营为引领

以新模式、新技术、新思维引领农业发展是当前和今后一个时期的大趋势，农村第二、三产业与农业融合发展迎来千载难逢的历史机遇。推动传统农业产业结构向一二三产业融合转变，成为现代农业的新业态，是农业产业结构调整的必然要求。区别于大众化的农产品，地域品牌产品具有功能多元化、价值高端化、生产标准化、经营品牌化的先天优势，是发展农业新业态的"领头羊"。为此，要扶持农业龙头企业、农民专业合作社、家庭农场等，以地域品牌产品为纽带推进品牌化经营，尤其是以企业为龙头，加强对地域品牌产品加工的引导，推进资源性产品向初加工、精深加工产品转变，加大品牌营销推介力度，着力打造一批"中国名牌""驰名商标""著名商标"。立足壮大地域产品品牌，支持建设一批与原料基地紧密衔接，集科研、加工、销售于一体的现代农业园区，并着力打造多元化的电商平台，促进农产品实体交易和电子商务有机融合，以此推动农业结构向全产业链调整。充分挖掘地域品牌产品的历史文化底蕴、民间工艺特色，将地域品牌经营与自然观光、人文体验、生态休闲等融为一体，引导发展传承农耕文化、传统民俗和民间艺术的休闲农业、观光农业和乡村旅游，形成多业态、多功能的现代农业产业体系，提高农业的整体效益。

六、破解农业供需结构性矛盾的有效路径

习近平总书记提出，推进农业供给侧结构性改革，"不断提高农业质量效益和竞争力，实现粮食安全和现代高效农业相统一"[①]。这无疑是针对大国小农供需结构性矛盾的"治本之策"，也是农业发展的一场深刻质量效益变革，需要把增加绿色优质农产品供给放在突出位置，形成地域特色鲜明、区域分工合理、高质高效发展的农业发展布局。

（一）以品牌强农为引领推进农业发展质量变革

如前所述，农业作为生物产业，对种植区域气候、土质等自然资源和生态环境有特殊要求，不同区域的农产品具有不同的品质。农产品品种和品质存在区域差异的特殊性，决定了农产品区域品牌建设的重要性。推进农业供给侧结构性改革必然要求立足各区域特色，使区域资源优势和生态优势转化为市场竞争优势，形成差异化发展格局，以破解农产品同质竞争和增产不增收困境，从而促进农业区域结构、产业结构、品种结构全面优化，以品牌建设为引领，推进农业发展质量变革。

中国几千年的农耕文明孕育了诸多具有地理、历史、文化价值的区域品牌农产品，但在日益激烈的农产品市场竞争中，彰显竞争优势越来越需要借助市场和品牌的力量。推进品牌强农，就是要使各具特色的地域资源优势转化为市场竞争优势，推动供给总量、供给结构与需求总量、需求结构相适应；就是要以区域品牌为纽带，推进农业的生产、加工、服务一体化，提升农业价值链、延伸农业产业链、打造农业供应链、形成农业全产业链，实现由农产品规模化生产向农产品区域品牌化经营的转变；就是要在区域品牌建设的基础上，立足比较

---

① 习近平李克强王沪宁韩正分别参加人大会议一些代表团审议. 人民日报,2019-03-09.

优势，优化区域结构，重点建设好粮食生产功能区、重要农产品生产保护区、特色农产品优势区，实现农业发展的社会效益、经济效益、生态效益有机统一。

推进品牌强农，实施区域农产品品牌战略的过程，既是农产品差异化、精细化、品牌化的生产过程，也是农业区域化布局、专业化生产、标准化控制、产业化经营的过程。从本质上看，就是推进以市场需求为导向的农业供给侧结构性改革的过程。具体来说，一是优化农业总体结构。要以区域空间布局为突破口，根据资源禀赋、区位地理、市场需求、传统习惯定位不同地域的农业支柱产业，制定与生态环境相适应的区域农业品种发展规划，以区域农产品品牌为导向优化农业区域结构，以农业资源环境为基准优化农业品种结构，以区域品牌经营为引领优化农业产业结构，因地制宜实现特色发展。二是建设区域农产品品牌体系。围绕农业区域品牌化系统工程，探索建立区域农产品品牌目录制度，创建区域农业公用品牌发展体系；推进农产品区域品牌立法，强化对品牌的法律保护；培育区域品牌战略联盟，提供系统化、一站式解决方案，形成具有特色、拥有核心竞争力的区域品牌专业化生产区。三是调整农业发展政策。明确地方各级政府财政对农业产业的支持方向，将具有品质与市场竞争力的区域品牌作为政策扶持的重点，建立农产品品种"正面清单"支持机制与"负面清单"约束机制，实现农业发展政策从确保粮食安全的数量优先向结构转型的质量优先跨越。

（二）以绿色强农为方向推进农业科技发展变革

科技是第一生产力，党的二十大报告提出"全方位夯实粮食安全根基"，明确要求"强化农业科技和装备支撑"。在农业现代化进程中，农业科技创新与农业发展方式转变是一个前后相继、相互关联、相互作用的有机整体。回顾农业现代化的发展历程，农业科技每一次飞跃都会引起农业发展方式转变；农业发展方式转变又对农业科技创新提出新需求，指明农业科技进步方向。由此可见，科技创新是农业发展的第一推动力，是提高农业发展质量效益和实现农业绿色发展的根本途径①。

当然，长期以来的农业科技服务都是为了提高产量，而到了农业供给侧结构性改革时代，科技创新的目标和方向需要更深入的调整。张红宇认为，"生物技术、装备技术、数字技术、绿色技术构成了现阶段农业科技革命的主攻方向"②。因为现在中国农业最大的问题是农产品的品质问题，因为产量早已经不是根本性问题，正处于由增产导向转向提质导向的关键时期，更多的是质量方面的要求，包括营养结构与人的健康需求，口味与消费者的多样化需求。农业科技创新的目标和方向，无疑是要把满足人民对农业高质量绿色发展的优质农产品需要摆在突出位置，以绿色强农为方向推进农业发展技术变革，推动农业发展质量、效益、整体素质全面提升，显著提高农业绿色化、优质化水平，实现农业向高质量发展转变。

不少地方正在推进的农业科技服务，实施化肥农药减量行动，把稻草通过技术处理变成绿色肥料，把养猪场的猪粪通过技术处理变成有机肥料，停止使用剧毒农药，推广使用生态农药，提供农业技术上门服务，确保产品是绿色产品，成效十分明显。因此，不仅是科技服务要向提高品质转型，科技创新也要向提高品质转型，要转到提高品质上来。但这并不是说不要产量了，而是强调产量必须是具有品质的产量，有品质的产量越高效益就越高，没有品质的高产量只能成为供大于求的滞销农产品。

但也存在一些科技滥用的现象，虽然产量是大幅度提高了，生产出来的农产品却不敢吃了。有些获得国家大奖而且被大力推广的品种，产量确实很高，但对农药化肥的依赖程度也很高，结果导致耕地

---

① 陈文胜. 系统看农业发展方式转变与科技创新. 人民日报,2015-01-29.
② 张红宇. 加快建设有中国特色的农业强国. 农民日报,2022-10-26(5).

板结化了，金属含量超标了，生产出来的东西自然也卖不出了。耕地一旦受到污染，治理需要相当长的时间，需要很高的成本。因此，农业科技创新要坚持绿色化，否则，农产品品牌化就难以持续。

党的二十大报告提出："推动绿色发展，促进人与自然和谐共生。"而实现人与自然和谐共生，乡村是主战场，保障重要农产品充分供给，传承发展农耕文化，维护生态环境赋予了农业强国建设的深刻内涵①。因此，农业科技创新要把绿色赋能摆在首要位置，对鲜活农产品的储存保鲜，人粪畜粪的转化使用，特别是耕地的质量保护和农药化肥的减量使用，必须通过技术的不断突破，才能加快由增产导向向提质导向转变，才能构建农业高质高效的发展新格局，让农业成为有奔头的产业。

（三）以城乡融合为突破推进农业发展动力变革

农业的经济效益一直难以提升，成为最不赚钱的产业，单纯依靠农业基本难以摆脱贫困。为什么工业和城市如此繁荣？是因为农业和乡村的资源要素可以全面进城；为什么农业如此弱势，乡村如此发展滞后？是因为工业和城市的资源要素被阻碍难以下乡。城乡二元结构是影响城乡协调发展的主要障碍，制约了城乡要素平等交换、收益合理分配，阻碍了农业综合效益和竞争力提高。当前，中国已到了加快推进城乡一体化的发展阶段，以城乡融合发展为突破推进农业农村发展动力变革，解决各类主体发展不平衡、城乡居民收入不平衡、农民增收渠道拓展不充分、城乡资源配置不平衡等问题，激发农业农村发展新动能，是推进农业供给侧结构性改革的重要途径。

为了破除城乡二元结构的体制机制，解决城乡要素流动不顺畅、公共资源配置不合理等突出问题，中共中央、国务院于 2019 年下发了《关于建立健全城乡融合发展体制机制和政策体系的意见》，提出

---

① 张红宇.加快建设有中国特色的农业强国.农民日报,2022-10-26(5).

要重塑城乡关系，走城乡融合发展之路，主要目的是促进新型城镇化与乡村振兴协同发展，加快城乡与工农要素的互动与融合发展[①]。其中最为关键的就是要坚持农业农村优先发展的原则，以补齐农业农村发展的短板，这就意味着更多的资源要素向农业农村发展倾斜。比如，深化农村土地制度改革，实行土地所有权、承包权、经营权"三权"分置，真正让农户的承包权稳下去、经营权活起来，从而有效激发主体的积极性、创造性，激活农业农村自有资源，撬动城市要素进入农业农村；深化农村集体产权制度改革，保障农民财产权益，盘活农村集体资产，从而更好提高农村各类资源要素的配置和利用效率，形成可持续发展的内生动力，推进农业农村发展动力变革。

实现这些改革目标，需要发挥市场配置资源的决定性作用，激活农业农村发展活力，这就意味着农业农村各种资源要素都要进入市场，特别是作为农业农村最稀缺的土地资源也要通过市场机制优化配置实现应有的价值，从而发挥出作为"财富之母"的效应。从根本上改变工业化、城镇化进程中不断增值的土地财富向城市和工业的流向，实现工农与城乡的财产权利平等，以全面激活市场、激活要素、激活主体，促进城乡融合发展。也可以说，只有农民成为有吸引力的职业，农业才会成为有奔头的产业，农村才会成为安居乐业的美丽家园。

（四）以社会化服务为关键推进农业发展效率变革

实现邓小平提出的"第二个飞跃"，核心就是如何适应科学种田和生产社会化的需要，发展适度规模经营。作为人多地少、小农户长期大量存在这样一个难以改变的基本国情，中国农业的效率和竞争力无疑是先天不足的。中央下决心推进"三权"分置的农地改革，目的就是为了加快推进农业的规模经营。

---

① 中共中央 国务院关于建立健全城乡融合发展体制机制和政策体系的意见. 人民日报, 2019-05-06.

　　因此，如何补齐小农户小规模经营的短板，是发展现代农业的必答题。中国农业发展究竟采取什么样的经营方式？陈锡文认为，不能轻易地否定农户经营制度。农业经营规模是由国情、资源禀赋决定的，是不是以家庭为经营主体，是由农业自身发展规律决定的。家庭是农业经营最有效的主体，农业选择以家庭经营为基础，既是历史现象，也是世界性的普遍现象。就全世界来看，基本上没有哪个地方的农业不搞家庭经营，只是规模大小不同而已。不管农业经营体制怎么创新，真正的主体还是农户，机制创新主要是让农业经营主体与新型服务体系结合起来，让多元化、多层次、多形式的社会化服务体系为农民提供全方位、低成本、便利高效的服务，把一家一户做不了、做起来不经济的事情做好，更好地激发家庭经营的活力①。

　　陈锡文曾提到，他在阿根廷考察的时候到一个农民家里走访，了解到这个家庭两位老人种了 3 000 英亩（相当于中国的 2.4 万亩）地，不由得感叹，这在中国是种了半个乡镇的地了。中国的一个乡镇大约是 5 万人口左右，就是 5 万亩地的样子，种 2.4 万亩地就相当于半个乡镇的耕地了。要在中国搞这样的规模化，一个乡镇的土地两对夫妇就可以种完了，可能吗？这是不可能的。

　　那么，规模化经营就不要了吗？陈锡文认为，农业规模化经营有两个关键，一是什么样的土地规模，一是什么样的技术装备。如果土地规模太小，就无法使用最现代的农业技术装备。使用世界上最先进的成套农业技术装备，种两三万亩耕地是没问题的，但这是为美国农场量身定做的。

　　美国两三万亩规模才能装备现代农机，中国虽然是人均一亩三分地，但在实践中却创造了一个农业发展史上的奇迹：跨区域协作服务。比如北方的小麦收割，农业部门统一协调，收割机跨地区作业，在小麦收割季节，收割机作业从河南最南边往北开过去，一直到东北为止，农

　　①　陈锡文.进一步创新农业经营体系.新华日报,2013-02-05.

民不需要购置收割机而是靠社会化服务，使北方的小麦收割基本上实现了机械化。随着小型农业机械的推广应用，以人力、牛耕为主的规模极小的小农户和偏远山区，基本实现了现代农机对人力、畜力的替代，不少地方还通过卫星导航和互联网服务进行信息化田间管理，在一定程度上弥补了耕地规模小的局限。这样的规模化是中国所独有的，不仅极大地降低了农业生产成本，而且极大地提高了农业生产效率。

日本的农业是现代农业，却到中国来学习北方小麦收割的农业社会化服务的经验。日本农业以小规模经营为主，大多数农户是 30 亩左右的土地规模，由于国家财政的支持，一家一户的农业机械一应俱全，但却导致农业成本很高、效率很低，缺乏竞争力。所以，日本对内采取农业补贴，对外采取特别的贸易保护，对美国这样的盟国都拒绝放开农产品进口。日本政府为了提高农业效益，提出一个"人地计划"，即把 10 户人家的地租给 1 户人家种，把 9 户人家的农业机械销毁，这个代价实在是太高了！

在中国，尽管是这么小的耕地经营规模，却使用世界最先进的农机装备，为什么能这样做？因为探索了建立在区域合作与协调基础上的社会服务规模化道路。由此可见，推进农业发展效率变革，一是要提高农民的合作能力，二是要加快形成农业社会服务规模化的体系，以提高农业技术装备规模和信息化水平，弥补耕地规模的先天性局限，促进小农户装备现代化与经营集约化，这是实现中国农业规模化经营的不二选择。美国农业为什么强大？全球 ABCD 四大跨国农业企业除法国路易达孚（Louis Dreyfus）外，美国阿彻丹尼尔斯米德兰（ADM）、美国邦吉（Bunge）、美国嘉吉（Cargill）就占了 3 个。正是强大的企业把美国的政府、农民、企业实现无缝对接，把美国的农业从生产与加工到销售与物流、从资本到技术实现高度融合，也就是一二三产业的高度融合。

在现代化进程不断加快的背景下，人口不断向工商业的城市集中是必然趋势，而中国耕地资源的先天性局限又加剧了谁来种地的问题，就必然要求通过对农业的生产、加工、销售、储存等环节推进专业化分工的社会化服务，来实现与小农户有效衔接，释放科技赋能的技术红利与数字红利，加快传统的农业生产方式变革。

中共中央办公厅、国务院办公厅公开发布的《关于促进小农户和现代农业发展有机衔接的意见》明确指出，在鼓励发展多种形式适度规模经营的同时，完善针对小农户的扶持政策，从发展农业生产性服务业、加快推进农业生产托管服务、推进面向小农户产销服务、实施互联网＋小农户计划、提升小城镇服务小农户功能等方面健全面向小农户的社会化服务体系，加强面向小农户的社会化服务，促进传统小农户向现代小农户转变①。中央农村工作领导小组办公室主任、农业农村部部长唐仁健解读 2022 年中央一号文件时强调，支持各类农业社会化服务组织开展订单农业、加工物流、产品营销等社会化服务，让农民更多分享产业增值收益②。党的二十大报告进一步明确提出，"发展新型农业经营主体和社会化服务"，通过社会化服务把政府、企业与农户链接起来，把生产、加工、销售、消费等环节链接起来，推动农业向专业化分工、社会化协作转变，形成县城、乡镇、中心村分工合理的产业空间结构，形成城乡联动的优势特色产业集群，全面提升小农户组织化程度，以化解大国小农的困境，是实现小农户与现代农业有机衔接的必然要求。

七、处理好政府与市场关系以释放改革红利

农业结构性矛盾实质上是政府与市场的关系失衡，导致农业供需结构失衡。习近平总书记提出，"我国农业正处在转变发展方式、优化经济结构、转换增长动力的攻关期，要坚持以农业供给侧结构性改

---

① 中办 国办印发《关于促进小农户和现代农业发展有机衔接的意见》.人民日报,2019-02-22.

② 奋力开拓乡村振兴新局面——中央农村工作领导小组办公室主任、农业农村部部长唐仁健解读今年中央一号文件.人民日报,2022-02-24(6).

革为主线，坚持质量兴农、绿色兴农，加快推进农业由增产导向转向提质导向，加快构建现代农业产业体系、生产体系、经营体系，不断提高我国农业综合效益和竞争力，实现由农业大国向农业强国的转变。"[1] 这就要求破除制约供给瓶颈，畅通农业供需通道，以制度变革释放改革红利，激活市场活力、要素活力、主体活力，培育农业发展新动能，使农业供给不断满足市场需求的变化，其中的关键是如何调动农民和基层的积极性。

（一）推进农业的政策从注重规模、数量向注重质量、品牌转型

长期以来，为了确保人口大国的粮食安全，政府特别注重农产品规模和数量，在政府工作目标中，在农业发展政策中，都是以规模和数量为导向，而且按照价格确定产值增加了多少、农民增收了多少，至于这些农产品卖不卖得出去，就没人去过问了。推进农业供给侧结构性改革，要求优结构、增效益，国家农业政策就必须从注重规模、数量向注重品牌、质量转型，突出将具有品质与市场竞争力的区域品牌作为政策扶持的重点，以各地的农业生态资源禀赋为依据，明确国家和地方的生产力布局，以优化资源配置。

推进农业供给侧结构性改革，关键是以区域品牌为导向，优化农业总体结构，也就是优化区域结构、优化品种结构、优化产业结构。以区域品牌为指南针，明确哪些地方适合生产什么，哪些地方不适合生产什么，进行农业发展布局的战略重构。比如对于一个县而言，打造什么样的区域品牌产品，就需要深入的论证，对独特的生态资源包括土壤的元素含量、空气元素成分、纬度、湿度、光照时间等构成进行分析，哪些元素是独有的。经过这些客观而严密的论证之后，布局

---

[1]　走中国特色社会主义乡村振兴道路（2017年12月28日）//论坚持全面深化改革.北京：中央文献出版社，2018：400.

生产出来的产品，不仅会是区域品牌，而且还将是高端品牌。农业发展规划就应通过这些论证来确定产业布局、区域布局、品种布局，农业发展政策就应根据这些论证的结果以及市场效果予以支持。那些不适合生产的、品质低下的，特别是那些影响甚至危及健康的农产品，就要毫不犹豫地调整，之前所有相关支持政策就应当停止。

推进农业供给侧结构性改革，必须加大对农产品区域品牌建设的支持力度。相当长时间以来，为解决农产品总量不足的矛盾，农业支持政策比较重视生产的规模和产量，而对农产品质量和结构的重视相对不够。当前，随着城乡居民消费加快升级，原先一些大规模生产的农产品已经卖不上价钱，甚至出现积压滞销。新形势下，进一步完善农业激励机制和支持政策，应顺应居民食品消费升级趋势，把品质高、市场竞争力强的绿色优质农产品和农业生态服务供给放在更加突出的位置，大力支持农产品区域品牌建设，支持地方以优势企业和行业协会为依托，打造区域特色品牌，引入现代要素改造提升传统名优品牌[1]。

（二）从农产品均等政策支持转变为依照品质差别政策支持

推进农业供给侧结构性改革，难点是如何淘汰劣质产品，激励优质产品。习近平总书记要求，"要把增加绿色优质农产品供给放在突出位置，狠抓农产品标准化生产、品牌创建、质量安全监管，推动优胜劣汰、质量兴农。"[2] 因此，农业政策为此要发出明确无误的信号，形成有力的政策导向，不能再继续实施均等的政策支持，而要按照品质的差别实施差异化政策支持。只有产品的品质合格了，才具备享受政策支持的资格；但如果是品牌产品，特别是那些符合区域资源发展

---

[1]   陈文胜.农业供给侧结构性改革一个重要的突破口:推进农产品区域品牌建设.人民日报,2017-06-12.

[2]   关于深化供给侧结构性改革(2016年12月14日)//论坚持全面深化改革.北京:中央文献出版社,2018:304.

要求的特色区域品牌产品，政府应制定品牌产品政策支持目录并针对性实施保护，以提高市场效益和竞争力。

比如贵州湄潭的茶叶是个很不错的品牌，贵州省就对这个品牌提供政策支持。东北大米很好，就明确纳入品牌产品政策支持目录，以保护生产能力。否则，劣质产品和品牌产品都受到同等的政策支持，本来劣质产品将被市场淘汰，但因为有政策支持就无法淘汰。中国耕地资源、水资源、生态资源都是稀缺资源，资源环境约束日益严重，用政策支持来保护那些卖不出去的劣质产品继续生产，不仅是资源的严重浪费，而且是对市场机制的严重扭曲。

调研发现，有一个村的党支部书记的执行能力很强，在上级要求按照"一村一品"的模式进行产业结构调整时，全面动员农民把整个村全部种上李树，但对当地的土壤、气温等生态环境能不能种李树缺乏考虑。结果生产出来的李子味道很不好，无法卖出，全部烂在地里，最后只得把李树全部砍掉。这是按照市场规律，不得不砍掉。但如果是实行政策支持予以保护的话，说不定该村的李子树到今天还会存在。无数此类事例表明，推进当前农业由资源消耗型向资源节约型转变，由数量型、粗放型向质量型、效益型转变，就必须要改变农产品无差别均等支持的政策。

（三）从奖励"种粮大县"转变为奖励"品牌大县"

习近平总书记提出，"中国有 13 亿人口，要靠我们自己稳住粮食生产。粮食也要打出品牌，这样价格好、效益好。"[1] 随着生活水平的不断提高，消费者对于产品的质量要求越来越高，"要大力培育食品品牌""让品牌来保障人民对质量安全的信心"[2]，推动中国产品向中国品牌转变[3]，以满足消费结构的变化。农业早已经不是卖方市场

---

①　习近平:粮食也要打出品牌.京华时报,2015-07-17.

②　习近平.论"三农"工作.北京:中央文献出版社,2022:93-94.

③　谱写新时代中原更加出彩的绚丽篇章.人民日报,2022-06-11(1).

的食品短缺时代了，农产品消费已经步入了品牌时代，是品牌方有市场，是品牌方有效益。

政策支持的种粮大县，主要是因为总产量高，但如果产品品质不好，国家收购后全部放在仓库卖不出，就会形成劣币驱逐良币的逆淘汰局面，结果必然是"高产量、高进口和高库存"的"三量齐增"，这样的政策须在农业供给侧结构性改革中加以改变。品牌是质量和市场竞争力的集中表现，只有将对"种粮大县"的奖励转变为对"品牌大县"的奖励，才能真正推动农产品的供给与需求相适应。对农业大县，不再要求数量，其实这个数量也没有办法核实，要着重提出对农产品质量的要求，不仅要绿色安全，还要经济效益，符合这样要求的"品牌大县"，就给予政策支持，特别是给予财政奖励，这样才能形成有效的激励效应，推动打造更多的区域品牌、产品品牌。

因此，要明确区域分工，全面优化农业区域布局，严格以"一县一特、一特一片"为农业长期政策的支持依据。规范政府对每个区域种植的品种和相应品质要求以及限制和限期退出的品种，建立各区域农产品品种与质量的"正面清单"与"负面清单"约束机制。以优化区域农产品品种结构为基础优化区域农业产业结构，从而有效破解长期以来存在大宗农产品供大于求、优质农产品同质竞争的老大难问题。

（四）构建促进金融支持农业农村发展的政策支持体系

"贷款难、贷款贵"是农业农村发展中存在的一个老大难问题。因为现在的金融体系都市场化了，农业农村的金融市场面广线长，成本高、效益低，发放贷款的风险很大，金融机构的兴趣并不高，即使有地方政府积极引导也难以解决这一问题。因此，党的二十大报告明确要求，"健全农村金融服务体系"。

这就需要从政策层面加大支持力度。在省级和县级这个层面发挥财政的撬动作用，通过财政担保、贴息、奖补等一系列措施来促进金融机构加大金融支农力度。对于政策性银行，则需要明确对农业供给侧结构性改革的支持力度。从操作层面来看，应支持引导金融资金向品牌大县流动，对于具有市场竞争力的农业品牌建设，地方政府财政给予贷款担保，金融机构给予政策贷款。这一模式中央已经在推动，很多地方也已经在探索，并取得了较好的效果，但面对庞大的农业需求，未来还需要进一步加大力度，同时需要出台鼓励创新金融工具的相关政策。

农村不是没有钱，而是通过储蓄等形式流入了金融机构，因金融机构的逐利行为而更多地投向了城镇，使金融资本对农业农村的投入严重不足，由此形成对农村的"抽血"，造成农业农村资金短缺的状况难以逆转。这是农业供给侧结构性改革的一个最大瓶颈，如何进一步创新突破，尚需要地方进行深入探索。

（五）推进以增加农民财产性收入为取向的农村集体产权制度创新

确保农民收入增长，是农业农村政策的底线之一，但怎么建立农民收入的增长机制？目前有直接作用的政策措施较少。从农民收入结构看，2020 年，在人均可支配收入 17 131 元中，工资性收入占 40.1%，经营性净收入占 35.5%，财产性净收入占 2.4%，转移性净收入占 21.4%，而同年度城镇居民的财产性净收入占可支配收入的 10.7%[①]。其中农民财产性净收入所占比重过小是影响收入总量和速度的重要因素之一。显然，把农业作为收入增长的主体部分是不可能的，因为农业的利润低于社会的平均利润，远远低于城市居民收入的平均水平。

根据国家统计局发布的统计公报，2021 年农村居民人均可支配收入 18 931 元，较 2012 年翻了一番多，但城乡居民收入之比仍然为

---

① 根据国家统计局发布的统计公报整理。

2.50∶1，城乡差距在居民收入上的表现依然突出。在城乡比较中，就能知道农业无法成为农民收入增长的主体部分。也只有在城乡比较中，才能明确怎样建立农民收入的增长机制。对于当前的农民而言，只有当财产性收益能够成为收入来源的时候，才可能成为收入增长的主体部分。实际上，这也是党的十八届三中全会提出的赋予农民更多财产权利的要求①，以此缩短城乡差距，让农民平等参与现代化进程，共同分享现代化成果。因此，党的二十大报告进一步明确要求："深化农村土地制度改革，赋予农民更加充分的财产权益。"如果这个改革不能得到切实推进，农民的收入增长机制就会成为一个永远无解的题。

（六）构建以耕地全面管护为重点的生态补偿与治理机制

土壤是人类生存与繁衍的生命线，耕地是农业发展的核心，是农业可持续发展不可或缺的基石。习近平总书记强调，"我国人多地少的基本国情，决定了我们必须把关系十几亿人吃饭大事的耕地保护好，绝不能有闪失"，"像保护大熊猫一样保护耕地"②。土地的质量决定着农产品的品质，没有肥沃与健康的土壤就没有营养丰富、食用安全的农产品，也就会危及生命健康。习近平总书记指出，"有材料说，全国有约19.4％的耕地受到污染，其中中度和重度的占2.9％"，"土地是农产品生长的载体和母体，只有土地干净，才能生产出优质的农产品"，"把住生产环境安全关，就要治地治水，净化农产品产地环境"③。

因此，要全面监管耕地，特别是亟待建立起生态补偿与治理机制。党的二十大报告要求，"加强土壤污染源头防控"。一方面要加快对污染耕地的治理，另一方面更要防止对土地新的污染。现在农村的

---

① 中共中央关于全面深化改革若干重大问题的决定. 人民日报,2013-11-16.
② 习近平就做好耕地保护和农村土地流转工作作出的指示. 人民日报,2015-05-27.
③ 习近平. 论"三农"工作. 北京:中央文献出版社,2022:89-90.

生活垃圾，已经日益成为农村生态危机的源头。一些地方的农村生活垃圾处理方法就是拖到山上埋了，很容易污染到地下水，水源和土地污染问题很快就会显现出来。其实有很多很好的政策，只是未能有效执行，比如禁塑令等禁限一次性产品使用的政策，像一阵风一样，执行得来无影去无踪。如果当初动真格执行，中国的生态环境可能远不会走到今天这一步。

耕地金属含量超标与土壤酸化是无法回避的现实问题，但这个治理的成本怎么分摊？是省政府负责，还是中央政府负责，还是各级分摊？但不管怎么分摊，都不应该由农民来承担。加强生态保护与建设，如果什么都不允许发展，什么都禁止开发，而诸如生态公益林等生态补偿的钱又仅那么一点点，那么农民就没办法发展了。如果没有一个有效的补偿机制补偿农民的利益，这个地方的生态最终难以得到有效保护。习近平总书记对此强调，"做这件事，要摸清底数，有计划分步骤推进，不能影响农民就业和收入。"[①] 因此，加强耕地的全面管护，必须建立在保障农民合理利益的基础之上，通过建立健全耕地保护利益补偿机制，调动广大农民的积极性，才能形成可持续的保护机制。

（七）建立区域品牌建设的粮食收储制度与法律保护体系

推进农产品的区域品牌建设，必须加快粮食收储制度改革。现在国家储备粮食的收购，不管品质等级，不管地域差异，都集中收储在一起，这对储备粮食的合理利用十分不利，也对粮食加工企业的产品品牌打造形成制约。如果收储制度不改革，国家储备的粮食除作为饲料或是工业用途外，就只有库存了。因此，必须加快建立分级分类的粮食收储制度。

同时，要加强农业品牌的法律保护，比如湖南的宁乡花猪肉，现

---

① 习近平.论"三农"工作.北京:中央文献出版社,2022:90.

在已经是区域品牌了，但有人假冒宁乡花猪肉品牌怎么办？农产品产地以次充好，将非品牌产品假冒品牌产品销售怎么办？诸如"五常大米"之类的假冒事件，怎么去追究法律责任？如果不正本清源，中国的品牌建设必然难以推进。因此，要建立区域品牌的法律保护体系，怎么样保护，怎么样追究责任，都应形成明确规范。

　　湖南有个县的柑橘，本来已经成为一个享有盛誉的区域品牌，在市场上很受欢迎。可在发展中，盲目扩大品牌区域范围，周边几个县的柑橘全部以这个品牌来销售，导致该品牌柑橘的整体品质不断下降，结果这个县的品牌就被市场淘汰了。因此，品牌保护事关地方经济的可持续发展，如果国家没有立法，可以尝试通过制定地方法规来进行保护。

第三章 | CHAPTER 3
推进农业高质量发展的现实之问

　　党的二十大报告提出，"坚持以推动高质量发展为主题"，"把实施扩大内需战略同深化供给侧结构性改革有机结合起来"，核心是解决发展不平衡不充分问题，更好地满足人民群众个性化、多样化、不断升级的高品质生活需要。随着中国国民经济发展的主要矛盾从总体需求不足转变为供给结构不适应需求结构，处于转型期的中国，国民经济从改革开放到"三期叠加"的"新常态"，到供给侧结构性改革，再到新发展阶段构建新发展格局，使中国农业发展进入一个亟待加快转型、实现历史跨越的窗口期，迫切需要准确认识和研判农业高质量发展的现实挑战，以准确定位和正确把握建设农业强国的战略取向和路径选择。

一、区域功能变迁中的南方农业

　　在全面推进中国式现代化的进程中，确保高质高效的"农业强"是乡村振兴的首要任务。作为全球人口大国，人多地少的大国小农是难以改变的基本国情。相对于北方，南方集中了 2.6 亿多个"人均一亩三分、户均不过十亩"的绝大多数小农户，这不仅是南方农业发展的最大短板与最大约束，也是中国农业高质量发展的重点和难点所在。在粮食主产区发生南北历史性逆转的大变局下，迫切需要准确定位和正确把握南方农业发展的战略取向和路径选择，以有效破解中国农业发展面临资源环境压力、农产品有效供给压力、农民增收压力的时代课题。

（一）大变局下中国农业发展的重大结构性变迁

如何实现农业可持续发展，是任何处于工业化、城镇化进程中的国家都要应对的共同命题。进入新发展阶段，中国农业发展的内外环境都在发生了重大变化，在百年大变局的宏观背景下，随着人口分布以城镇为主的城乡格局变革、全面小康向全面现代化推进的多重转型叠加，为南方农业发展带来供给侧结构性矛盾、区域结构性矛盾、城乡结构性矛盾等，无疑形塑着城镇化、老龄化、人工智能时代、生态双碳目标等多重复合宏观背景下中国农业发展的进路。

1. 需求端的农产品消费结构性变迁

随着经济发展推动生活水平不断提高，人们对于食品的需求已由单纯数量要求向质量、安全、味道等多重要求转变。从市民每天的饮食结构中就不难发现，农产品消费结构发生了历史性变动，从传统温饱生存型向"舌尖上的安全""舌尖上的美味"演变。曾经的饮食结构是以大米、小麦等主粮为主体，时至今日，主粮的消费比重大幅度下降，过去难以进入寻常百姓家的水果、水产、肉食与牛奶等非主食农产品成了家常便饭，饮食结构不断多元化，肉类、蔬菜、水果、水产品等鲜活农产品成为饮食结构的主体。根据国家统计局数据测算，2013 年至 2017 年我国居民每天人均蔬菜占有量稳定在 2.56 到 2.74 斤[①]。

在农产品消费的品种结构性变迁背景下，随着城镇居民收入的快速增长与社会收入阶层的多元分化，农产品消费还出现了高端、中端、低端阶层分化的结构性变迁，温饱追求已经是过去时了，进入全

---

① 中国人每天到底吃掉了多少菜? 腾讯网[2019-06-11]. https://new.qq.com/omn/20190622/20190622A0KUB700.

面小康时代，消费追求不仅讲究营养、健康，而且讲究口味，消费需求呈现多样化、个性化、特色化趋势。但农业生产并没有适应农产品消费的需要，造成供给与需求不匹配，生产的未必是需要的，短缺与过剩同时存在。

2. 供给端的粮食主产区结构性变迁

中国宋代以后农业逐渐向南方偏移，因此形成了"南粮北运"的传统格局。根据相关文献，新中国成立至 1982 年的 30 多年间，南方地区基本保持着以占全国不足 40％ 的耕地生产着全国总产量 60％ 左右的粮食。但是从 1978 年开始，农业布局发生了从"南粮北调"到"北粮南运"的空间逆转，粮食生产重心"北上"，南方粮食占总产量的比重迅速下降。特别是 1993 年以来，北方粮食产量首次超过南方，中国从此就进入了"北粮南运"时代。近 20 年间，对全国粮食产量贡献度增加的仅有 12 个省份，除安徽外其余均为北方省份，其中北方省份的全国粮食总产量占比从 2000 年的 45.65％ 迅速上升为 2020 年的 59.22％，而南方省份则从 54.35％ 持续下降为 40.78％。从 2011 到 2020 年，北方 15 省粮食播种面积累计增长 7 231 千公顷，而南方 16 省粮食播种面积却减少了 1 036 千公顷[①]。

由于气候的变化，北方作物种植边界不断向北扩展，增加了高纬度高海拔地区适宜种植粮食的土地面积。随着"变暖期"气候的变化与降水量逐步增加，对农业影响最明显的就是黑龙江的玉米和水稻、新疆的冬小麦、陕西的苹果等"种植带北移"，使三大粮食作物突破了原有农业气候区划界限。南方和长江中下游传统水稻主产区的水稻播种面积则逐渐减少，而稻谷种植不断向东北区域扩展，小麦种植则不断向北方和中部集中，玉米种植重心明显不断北移。根据有关学者研究，南方双季稻区可种植北界向北推移近 300 公里，冬小麦种植北

---

① 刘强.北移的种植带.农民日报,2022-01-05.

界北扩西移20～200公里，冬油菜种植北界向北扩展100公里，柑橘不同适宜区种植北界平均移动83公里①。

在东北地区，由于无霜期延长，初霜冻出现日期逐年推迟，由此带来玉米和水稻可种植面积不断增加。如黑龙江省在1980年的粮食作物种植面积为1.1亿亩，其中水稻种植面积为315万亩，到2021年粮食作物种植面积增加到2.182亿亩，其中玉米增加到6 100余万亩、水稻增加到5 600余万亩，粮食产量连续11年位居全国第一②。东北地区一跃成为中国水稻的主产区，无论是产量和品质，还是规模化和机械化程度，都处于世界领先地位。由于东北大米在市场竞争力上具有碾压南方水稻的绝对优势，南方山区和丘陵地带种植水稻的小农户几乎全面"沦陷"，从根本上改变了南方水稻主产区的历史地位。随着东北大米需求量不断上升，南方如何实现与消费结构相匹配的优质农产品品种替代，是一项长期的挑战。

（二）南方农业高质量发展需要破解三大难题

作为有着悠久农业传统的南方，农产品生产不是问题，如何提高农产品效益、激发农业经营主体生产经营积极性才是保障粮食安全的关键问题。但大宗农产品供大于求、优质农产品同质竞争的老大难问题一直未得到有效解决，而随着食品消费结构的变化，在确保粮食供给的同时，如何保障肉类、蔬菜、水果、水产品等各类食物有效供给，适应农产品品种替代趋势，对于南方农业存在不少现实挑战。

1. 鲜活农产品季节性集中上市与全年度均衡消费的难题

适合南方实现农产品品种替代的畜牧、蔬菜、水果、水产等"菜篮子"工程，绝大多数是鲜活农产品，这就存在一个供需结构性矛盾：供给端方面，鲜活农产品大多是季节性集中上市；而需求端方

①②　刘强.北移的种植带.农民日报,2022-01-05.

面，即使是再优质的农产品也是全年度均衡消费，不可能季节性集中消费。由此带来在出产期供大于求、价格下跌的大面积滞销"卖难"，而在非出产期的淡季供不应求、价格上涨"买难"。本来农产品区域相似度较高而普遍存在同质化竞争的老大难问题，这种结构性矛盾使南方鲜活农产品同质竞争进一步加剧。

2. 农产品供大于求与供不应求并存的供给侧结构性矛盾

尽管随着农业供给侧结构性改革的推进，南方农产品满足消费需求的特色农产品效益得到快速提高，但长期以来主导农业发展的是"以量取胜"的粗放路线，突出表现在供给结构与需求结构存在明显的偏差，造成供不应求与供大于求并存，尤其是突出存在着农产品同质化竞争、低端产品去产能难等问题。一方面，产业结构单一，其中稻谷、油料、蔬菜等"大路货"农产品的区域相似度较高且普遍存在同质竞争，低价与"卖难"突出。另一方面，特色优质产品比重偏低且大多未形成规模优势，也未形成健全的市场服务体系，产销市场信息渠道不畅，运输过程损耗过大，流通成本居高不下，导致一些农产品销地市场供给短缺"买难"，产地大面积滞销"卖难"。据媒体报道，农产品滞销事件逐年增加，由零星分布逐渐演变成区域性滞销。这种农产品供需结构失衡的根源之一，就是当下中国农业发展普遍偏重于供给端的扩大生产，而未能注重需求端的市场体系建设，导致优质不能优价、增产不能增收，严重挫伤了农民的生产积极性。

3. 人地矛盾与耕地抛荒并存的农业农村空心化困境

南方大多属于丘陵、山区以及以喀斯特和丹霞地貌为主的复杂地理结构，人多地少的先天性局限导致人地结构性矛盾突出，表现在耕地细碎化与经营小农户化，农业组织化程度偏低，农业经营规模偏小，制约着南方农业发展，限制了南方农业规模化发展。

然而南方却是中国城镇化与工商业最具活力的地区，大城市基本集中于南方,人口密集度高,为南方的农业人口提供了更多脱离农业生产而进城就业的机会。这不仅导致南方耕地被大规模工业化、城镇化,不少耕地被污染,耕地面积不断减少,耕地质量不断下降,而且导致南方大量农业劳动力向非农部门转移。随着农业人力成本和土地成本的急剧上升拉高了农产品生产成本,加之人均耕地资源不足以维系一个农户家庭的基本生存,进一步加快了农业劳动力向城市工商业转移的速度。由此带来南方农业空心化和农业劳动力结构性短缺,耕地抛荒与非粮化的现象也主要集中在南方地区,粮食安全受到威胁。

作为全球人口大国,"人均一亩三分地"的耕地资源是最稀缺的生命资源。在此背景下,一部分南方农户更倾向于非粮化,向种植经济作物转移;另一部分南方农户选择退出农业,而北方农户在不断增加农业的生产,不仅在生产总量上呈现南退北进的趋势,在结构上也发生逆转,因此形成了工业化、城镇化南进北退的发展格局。与此相反,不仅农业生产呈现南退北进的趋势,而且农产品消费重心也随着人口流动不断向南移动,南方呈现出城镇化与农业异步发展的现状,由此导致区域结构性矛盾突出,形成城市化老龄化双重背景下的城乡结构性矛盾。

(三)围绕高质高效,推进南方农业赋能变革

在中国经济社会多重转型的大背景下,粮食主产区发生南北历史性大逆转,需要顺应现代科技的前沿变化与城乡格局的不断变革,围绕农产品消费结构性变迁导致的供给侧结构性矛盾、农业南退北进变迁导致的区域结构性矛盾、南方农地资源先天性局限的人地结构性矛盾、南方农业空心化与劳动力老龄化导致的城乡结构性矛盾、南方农地抛荒与非粮化导致的粮食安全危机等基本问题,从南方人地关系、地理禀赋、资源环境三个维度,加快推动科技服务赋能、地域资源赋能、绿色生态赋能的南方特色农业高质量发展。

1. 推进科技服务赋能，实现生产方式变革

从长远趋势来看，人口向城市集中的人地关系变迁是现代化的必然进程，谁来种地与耕地抛荒备受关注。南方农业的困境主要源于农业劳动力的大规模转移与老龄化，以劳动力成本为核心的农业成本不断攀升，这既是城市化老龄化进程中南方人地关系的变化，也是发展科技服务赋能实现劳动力替代的契机，也是发展农业现代化提高全要素生产率以释放技术红利数字红利的时机。

基于南方人多地少、耕地细碎化程度较高的特征，必然要求发挥南方工业化、城镇化的生产要素集聚效应与市场消费规模效应，以科技服务赋能的技术效应与社会化服务的分工效应破解南方农业发展的结构性困境，以数据驱动、智能驱动、信息驱动释放技术红利与数字红利，提高全要素生产率。在物联网和无人机已经成为当前农业领域的科技前沿的背景下，可以通过社会化服务实现与小农户有效衔接，促进南方传统农业生产方式向精准农业模式变革，使数据驱动和自动化农业成为可能。从而不断推进"互联网＋现代农业"的发展，使现代科技成为改造提升传统农业的加速器，为新产业新业态新模式在乡村的发展开辟了广阔的道路，加快一二三产业的深度融合，拓展农业的多种功能，促进农业"全环节升级、全链条升值"。

因此，基于农业前沿技术的迅速发展与应用，以智能化生产替代人工生产，为解决南方农业空心化问题和提高农业生产效率提供了新的路径。但这不是简单的技术问题，而是一项综合工程，尤其在以丘陵山地为主的南方，其投入力度与基础工作难度远大于北方平原地区。一方面，需要政府从基础设施建设、科技公共产品供给、生产应用激励与扶持等方面入手建立政策支持体系。另一方面，需要加快城乡融合发展，深化城乡要素流动，从实现模式、关键技术、运营机制三个维度建立人工智能与社会化服务相融合的南方农业发展体系，从而发挥工业化、城市化的技术效应与分工效应，推进小农户从农业生产、农业管理、农民服务三个方面与农业现代化有效衔接，形成以劳动力替代降低农业成本与破解农业空心化困境的长效机制，实现农业生产方式变革。

2. 推进地域资源赋能，实现要素配置变革

从国家整体层面来看，要顺应符合南北资源环境、产业、消费市场变化趋势，形成既分工又合作的整体区域农业布局。习近平总书记指出，要在保护好生态环境的前提下，从耕地资源向整个国土资源拓展，宜粮则粮、宜经则经、宜牧则牧、宜渔则渔、宜林则林，形成同市场需求相适应、同资源环境承载力相匹配的现代农业生产结构和区域布局①。农业作为生物产业，对自然生态资源及其空间分布与组合有着特殊的要求，那些品质优良、独具特色的农产品，与特定自然环境在地域上的重合，是遵循自然选择与经济选择的土地利用使其不断变化的产物，具有独特的资源稀缺性、产品唯一性、品质独特性和不可复制性，因而具有与生俱来的市场竞争力和品牌价值，是发挥南方农业区域功能与资源比较优势的主攻方向。

南方农业突出表现在耕地细碎化与经营小农户化，呈现地域特色差异性与多元性的双重面向。这就需要根据南方不同区域差异化的人地关系、地理禀赋、资源环境，按照比较效益原则和同等边际报酬原则，综合考虑产业基础、区位优势和市场条件，形成从纵向与横向将南方特色农业总体层面趋势与区域层面优势结合起来的实施机制与整合协同政策体系。因此，应从优化南方农业的区域品种结构布局上发力，引导农产品向最适宜、最有优势的区域集中，建立优化区域产业布局的农产品品种正面清单与负面清单，错位发展具有鲜明地域特色的农产品，实现差异化发展中的区域协调，形成地域特色鲜明、区域

---

① 把提高农业综合生产能力放在更加突出的位置 在推动社会保障事业高质量发展上持续用力. 人民日报,2022-03-07(1).

分工合理、高质高效发展的特色农业生产布局，确保南方最稀缺的耕地资源得到高效利用，实现农业要素配置变革。

推进地域资源赋能以实现农业高质高效的关键在于，要按照党的二十大报告的要求，"树立大食物观"，"构建多元化食物供给体系"，"发展乡村特色产业，拓宽农民增收致富渠道"。因此，必须克服"双季稻"行政一刀切的倾向和唯主粮生产的偏向，重构南方农业各个区域的功能定位。对于耕地细碎化的山区和丘陵地带农业，侧重于强化对居住性农民的自我保障功能，立足自给自足"小而全"的农产品生产；对于平原以及耕地连片地域的农业，侧重于强化与北方农业的优势互补，实现以高质高效为导向的地域特色发展。

3. 推进绿色生态赋能，实现产品质量变革

适应绿色消费需求成为现代农业发展的基本趋势与必然要求，而依托南方自然资源禀赋优势发展特色农业就成为最大的比较优势。在南方传统的小农耕作模式中，动物粪便等废弃物均能转变为肥料回到地里，对保持土壤肥力和作物产量至关重要，是污染物排放量极少、高度循环利用、可持续发展的生态农业。而农业生产必须接受和容纳现代要素，但传统的物质循环和污染消纳途径正逐步在农用化学品应用中被挤出，受家畜饲养比例急剧下降的影响，牲畜和农田之间的循环逐渐分离，农家肥使用在南方不少地方已经成为"一粪难求"，原本节约资源投入、资源循环利用、减少资源环境损耗的农业发展模式被逐步改造成为依靠化肥和农药来保证产量持续增长的所谓"现代农业"。受粗放型农业发展方式影响，南方农业存在面源污染突出、耕地质量下降、生态资源低效闲置、农产品品质下降等现实困境，土地污染和破坏过程正在严重危及农产品的质量安全，尤其是耕地重金属含量超标与土壤酸化是无法回避的现实难题。

因此，需要围绕畜禽粪污资源化利用、果菜茶有机肥替代化肥、秸秆处理、农膜回收和水生生物保护等农业绿色发展问题，推进绿肥

和生态肥药技术创新与应用，为农业绿色发展做好"加法"；不断降低农药、化肥的使用数量，为农业绿色发展做好"减法"；大力发展生态循环种养技术与开发应用高效、绿色、环保型农药和化肥新品种，为农业绿色发展做好"乘法"；加快土壤分类普查与污染治理的科技创新与应用，做好"除法"，把农业生产对生态环境的破坏降到最低程度，重建畜牧业和耕地之间的联系，恢复传统农家肥的使用，恢复农业生态系统的内在活力，建立以质量分级为基础的绿色农产品价值实现机制，推进南方农业绿色生态可持续发展成为南方农业发展的迫切需要。

这就需要在双碳目标下发挥南方农业在减排和增加碳汇上的资源优势作用，从农村资源环境立体开发、循环生产方式、农业面源污染治理、绿色生态技术提质等方面协同发力，把强化生态肥药推广和绿色发展作为关键，降低资源环境约束，化解增产与降碳矛盾，以生态效应和低碳效应建立健全生态产品价值实现机制，加快南方农业发展绿色生态转型，实现农产品质量变革。

二、现代化诱导的耕地抛荒

随着工业化、城镇化不断加快，农民纷纷外出打工，耕地抛荒现象日益严重，由此可能导致的粮食安全成为社会公众始终关注的热点问题。因此，中国各级政府前所未有地把粮食生产放在重中之重的战略位置，把落实耕种面积列为最为严格的目标考核责任制。毋庸置疑，耕地抛荒问题是农业发展必须应对的突出难题，但产生的原因复杂，不能从单一的角度简单化处理，需要放在中国现代化的历史发展进程中加以审视和研判，才能回应社会主要矛盾发生变化的时代要求。

（一）人地矛盾突出是忧虑耕地抛荒的核心问题

中国的人均耕地资源远远低于世界平均值，14 亿多人口户均耕地规模，仅相当于 5 亿多人口的欧盟的 1/40、3 亿多人口的美国的 1/400。因此，"人均一亩三分地"的现状，使耕地成为中国最稀缺的生命资源之一。即使如此，我国耕地面积还在不断减少。据国家统计局公布的数据，1996 年，我国耕地总面积为 19.51 亿亩，2006 年降为 18.27 亿亩，10 年净减少 1.24 亿亩[①]，相当于内蒙古自治区的耕地面积。这些公开发布的耕地数据有多大可信度也是一个问题。如中部某省在 2001 年上报的耕地面积为 3 800 多万亩，到 2007 年上报却高达 5 700 多万亩，实际上 2006 年全省有 765 万亩耕地退耕还林，加上公路和铁路、城镇建设用地，按理说耕地面积大幅减少，但上报数量反而增加了[②]。

　　无论是国外还是国内，对于农地的保护都极其严格。尽管那些土地私有化的国家可以自由买卖，但禁止改变农地的用地性质，否则就要承担法律责任。而中国耕地保护存在的问题不少，如土地规划随着地方主要领导人的调整而调整，换一个地方主要领导人就会变换一个开发区，通过增减挂钩、占补平衡就改变了农地性质，一片良田用一片低质量耕地甚至荒地就置换了，耕地非农化的红利成为一些地方的财政收入以及工业化、城镇化的积累。尤其是在国民经济下行的背景下，基于土地财政的路径依赖，地方政府因为收支困境还会加大通过占补平衡、增减挂钩来实现城镇建设用地扩张的力度[③]，这是耕地保护最令人担忧的一个现实问题，是直接危及十几亿人的吃饭问题。

　　中央要求实施最严格的耕地保护和最严格的节约用地政策，明确提出 18 亿亩耕地红线，捍卫人口大国的粮食安全。按照国家现代化的顶层设计，到 2050 年实现全面现代化[④]，那就意味着当前中国是一个还未实现全面现代化的国家，工业化、城市化还未最终完成，就

---

① 万宝瑞.深化对粮食安全问题的认识.人民日报,2008-04-18.
② 陈文胜.世界粮食危机下的中国粮食安全机遇与挑战.中国社会科学内刊,2008(5).
③ 陈文胜.乡村振兴中农地改革若干问题探讨.毛泽东研究,2020(3).
④ 中共中央　国务院关于实施乡村振兴战略的意见.人民日报,2018-02-05.

仍然会对整个农业、农村、农民提出内向积累的要求，农村资源仍然会进一步向工业和城市聚集，耕地减少的趋势不可逆转。习近平总书记强调：耕地是粮食生产的命根子，要像保护大熊猫那样保护耕地，严防死守 18 亿亩耕地红线①。

与此同时，耕地抛荒的势头加剧。根据笔者对中国南方农业的长期调研，有的是"季节性抛荒"，就是将原本种植双季稻改单季稻，从而减少了同一面积的粮食生产；有的是"非粮化抛荒"，就是基于比较效益，将农地改种甘蔗、烤烟、花卉等非粮经济作物；有的是"绝对抛荒"，主要是山区和丘陵地带，由于人均耕地大多为几分地，难以维系农民的基本生存，大面积全年抛荒的耕地随处可见。诚然，美国等不少国家也实行大面积的轮作休耕制度，但人地矛盾十分突出的中国如果抛荒撂荒的耕地面积过多，如何养活自己就是一个不得不令人思考和忧虑的问题。

(二) 耕地抛荒是现代化诱导的社会发展变迁问题

历史上，中国的农业从来没有像今天这样高水平的食品保障能力。从生产方面看，尽管农业受到资源与环境约束日益趋紧，又发生了 2008 年全球粮食危机，还遭遇汶川地震、冰雪灾害等多重因素的影响，相比改革开放前，在人口增加 44.4%（根据官方统计数据显示，1978 年人口为 9.6 亿）、可耕地面积每年减少 450 万亩的情况下②，从 1978 年到 2019 年，中国的粮食总产量还是从 3.05 亿吨增长到 6.64 亿吨，从 2003 年开始实现了新中国成立以来粮食产量"16连增"③。从供给方面看，尽管中国是全球最大的粮食进口国，但主

---

① 习近平.论"三农"工作.北京：中央文献出版社，2022：7.

② 近14亿人的口腹之欲，是如何被满足的? 中国新闻网［2019-05-12］，http://www.chinanews.com/gn/2019/05-12/8834424.shtml.

③ 王辽卫.我国粮食安全基础坚实——主要粮食品种供需形势分析.中国粮食经济，2020(5).

要是进口产地国产能过剩的大豆，接近粮食总进口量的80%。在主粮方面始终具有绝对优势，特别是稻谷、小麦连续多年产大于需，有少量进口主要是满足不同层次的消费需求，如2019年大米和小麦全年进口量仅占当年产量的1.8%和2.3%，自给率均在95%以上①。从库存方面看，由于实行最低收购价政策，在长期产大于需的情况下，库存数量居高不下。根据官方公开发表的资料，中国口粮年均消费量为2亿多吨，2019年小麦、玉米、大米三大主粮库存结余2.8亿吨，库存量可以确保全国一年的消费②。

特别是在"藏粮于地、藏粮于技"战略下，农机与社会化服务的不断推广，无论是生产能力，还是供应与储备水平，中国的农业在历史上从来没有今天这样高水平的保障能力，为确保粮食安全奠定了坚实的基础，拥有能够有效应对重大自然灾害和突发重大社会危机的战略定力。

如前所述，既然耕地每年减少450万亩，抛荒面积又不断增加，而人口相比1978年前增加近一半，全球出口粮食即使全部卖给中国也只能养活5亿人，但是中国人却实现了从1978年前的食品短缺时代到改革开放后的农产品过剩时代的跨越。那么，耕地抛荒现象的背后必然存在着深层次原因。

中国传统意义上的农民世代以土地为生，身份就是职业，职业就是身份。改革开放首先解放了农民，农民不仅获得了生产经营自主权，而且获得了自由择业的权利。随着工业化、城镇化的不断推进，农民不断从土地上分离出来，不再终生困守于土地，成为城乡流动的"自由人"。因此，今天的中国农民已经不再是传统意义上仅仅满足于温饱的群体了，而是在市场经济中进行公平竞争、以实现自己合理价值、追求发家致富的市场主体，本质上是社会发展转型与社会进

① 刘慧.我国粮食供应能应对各种考验.经济日报,2020-04-09(4).
② 赵晓娜.消费者无须囤积粮食.南方日报,2020-04-03.

步①。但是有很多人看不到这种变化，比如一些城里人对身边的居民天天打麻将视而不见，却惊呼大好春光之下居然有农民不种田而打麻将。试想一下，如果农产品有房地产的暴利，那农民就会把房子拆掉种庄稼，也根本不会有时间去打麻将。当一斤大米低于一瓶矿泉水的价格时，谁去种田？一旦种粮收益低于其他收益甚至亏本，抛荒就成为农民作为经济人的必然选择。

消费结构转型与农业科技创新加快了耕地替代，是导致抛荒的一个现实因素。经济发展推动生活水平不断提高，从市民的每天饮食结构中，就不难发现消费结构发生了历史变动。曾经的饮食结构以主粮为主体，每餐四两米还吃不饱。现在很多人每天四两米都吃不完，过去难以进入寻常百姓家的水果、水产、肉食与牛奶等非主食农产品成为家常便饭，饮食结构不断多元化。农业科技创新推动了农业现代化进程，农业生产力获得了快速发展，农产品生产前所未有地突破了耕地的局限。山上的水果、茶油不需耕地，水产、海鲜不需要耕地，大部分自然放养的肉类产品不需要耕地，无土栽培更不需要耕地，还有科技提高产量间接地替代了耕地。因此，饮食结构的改变与农业科技创新，不仅是实现了耕地替代，还主导着耕地结构与范围的变迁，从山上到水中，从平原到草原，凡是能够生产食品的空间，都应该说是具有耕地的性质，耕地不断立体化。

东北平原在近十年大面积改种水稻，其对南方水稻的替代性，也是导致南方山区和丘陵地带种植水稻的小农户弃耕抛荒的一个重要原因。东北平原位于最北端，曾经低温而热量不足，不适合水稻的种植。但是随着温室效应导致气温升高，加上水稻技术的突破，水稻种植就北上跨过了山海关，曾经为大豆主产区的黑土地东北平原大面积改种水稻，成为中国水稻的主产区②。无论是产量和品质，还是规模

---

① 陈文胜.城镇化进程中乡村社会结构的变迁.湖南师范大学社会科学学报,2020(2).
② 孙岩松.我国东北水稻种植快速发展的原因分析和思考.中国稻米,2008(5).

化和机械化，绝不亚于美国的农业现代化水平。由于东北大米在市场竞争力上具有碾压南方水稻的绝对优势，南方山区和丘陵地带种植水稻的小农户面临艰难的选择，从根本上改变了南方水稻主产区的历史地位，如历史上为水稻主产区的湖南，其地位就已经大幅下降。当然，中国也再找不到像东北平原这样能够生产大豆的辽阔耕地了，大豆从此依赖进口，这是一个长期的挑战。

（三）消费结构转型须相应解决区域功能定位问题

中国历史上的粮食结构是以水稻和小麦为主的五谷杂粮，但在清朝时期掀起的一次超级食物革命，引发了中华民族粮食结构的重大变迁。由于地理大发现，美洲的番薯、玉米、马铃薯，以及花生、向日葵、辣椒、南瓜、西红柿、菜豆、菠萝、番荔枝、番石榴、油梨、腰果、可可、西洋参、番木瓜等30多种农作物在清朝得到推广种植，从而彻底改变了中国以水稻和小麦为主的粮食结构，番薯、玉米、马铃薯等美洲农作物很快就成为主粮，特别是这些外来农产品在很难种植水稻、小麦的南方山地引发了农业革命。不仅促成了雍正时期的大规模改土归流运动，强化了国家的领土疆域，而且催生了人口大爆炸，从康熙三十九年（1700年）的1.5亿人，到乾隆五十九年（1794年）飙升到3.13亿人，到道光三十年（1850年）又增加到4.3亿人，成为中华民族繁衍强大的重要根源[1][2][3]。

与食物革命相关联，中国历史上曾经发生过粮食主产区的多次变迁。如汉唐盛世的"八百里秦川"关中粮仓、"天府之国"成都平原，逐渐演变为宋元的江浙"鱼米之乡"、明清的洞庭湖"湖广熟天下足"，演变为今天的东北大米和中原小麦（两地都适合耕种机械化）。

---

[1] 王思明.美洲原产作物的引种栽培及其对中国农业生产结构的影响.中国农史,2004(2).

[2] 曹玲.美洲粮食作物的传入对我国农业生产和社会经济的影响.古今农业,2005(3).

[3] 庞春燕.舌尖上的变革:食材、历史与我们的文明.中华瑰宝,2019(12).

假如东北平原能够种双季稻，人均不过几分地的南方山区与丘陵地带，水稻生产无疑就会陷入全线崩溃的困境，除了自作口粮，要么改种，要么抛荒。但无论如何，机械化程度很高的北方小麦产区不会抛荒，与东北平原同样耕地连片的南方非山区和丘陵地带水稻产区也不会抛荒，我们需要突出解决的是南方山区和丘陵地带的农业持续发展问题。

中国农业生产水平已今非昔比，机械化、智能化大幅度降低了对劳动力的需求，如湖南大部分山区尽管人均几分地，却都实现了社会化服务的机耕和机收，农民的生产能力不成问题。中国目前城镇化率为 60% 多一点，依赖于农村生活的还有 5 亿多人，即使到 2050 年实现了全面现代化，按照 70% 的城镇化率就意味着也还有超过美国总人口的大约 4 亿多的农村人口。这其中，劳动力在 2 亿人以上，按照中央确保 18 亿亩耕地的红线标准计算，人均耕地在 4 亩地左右，也不存在无人种田的问题。但是，食品最大的问题是猪肉危机。受非洲猪瘟和环保政策的双重影响，很多地方乡村的猪栏是十栏九空，绝大多数农民已基本不养猪，也无仔猪可养，连偏远的村庄都要从外供应大型养猪场的饲料猪，这将导致乡村发展系统的破坏。

尽管潜在的问题不少，但当前养活中国人没有问题，未雨绸缪是对的，但多事之秋不能自乱阵脚。盲目要求农民扩大生产，一旦造成农产品过剩就会跌了价格、贱了粮食、坑了农民。这就像一棵树叶子枯了，是该向根浇水而不是向叶子浇水。抛荒现象的背后，表明社会发展处于吐故纳新的进程中，市场机制在有效地对耕地资源进行动态配置。根本问题是因为农产品消费需求结构与农业区域功能的变化，使一些区域的农产品生产与市场消费需求出现偏差，缺乏竞争力的低品质农产品和供大于求的过剩农产品被市场淘汰，是相对市场需求的结构性问题而非农产品不能供应的问题，需要准确把握食品需求结构的阶段性变化与升级趋势，使食品供给的品种结构、区域结构、产业结构不断满足市场多元化、个性化的消费需求。

　　这就必然要求重构中国农业的各个区域功能定位，以地域分工破解同质竞争难题，优化耕地资源配置。对于耕地细碎化的南方山区和丘陵地带农业，主要是强化耕地对居住性农民的社会保障功能，立足自给自足"小而全"的农产品生产，宜农则农，宜林则林，宜牧则牧，宜渔则渔，宜果则果，宜蔬则蔬；地域分工着重以高附加值的杂粮和特色农产品为主，以精细农业方式生产独具地域特色与竞争力的农产品。对于平原以及耕地连片地域的农业，强化耕地对经营性农民的经济发展功能，地域分工突出保障主要农产品的市场供给，着重以专业化生产推进农业集约化经营，以品牌为导向提高粮食综合生产能力和市场竞争力。特别是要考虑如何解决中国粮食结构性的问题，其中主要用于生产食用油和饲料的大豆缺口巨大，如 2019 年大豆进口量高达 8 851 万吨①。如果这个问题能够在国内解决一半，主粮供给的压力就减少了一半，从根本上而言需要从中国区域品种结构上发力。

　　如何实现农业的可持续发展，是处于工业化、城镇化进程中的任何国家都要应对的共同命题。中国农业发展由改革开放前的强制性农民生产满足城市消费而形成的统购统销，到改革开放后由农民生产主导市场消费而形成的卖方市场，再到近期由市场需求主导农产品供给而形成的买方市场，经历了这样一个由长期短缺向总量平衡、丰年有余再到当前阶段性过剩的历史变迁。农产品供给不仅要"舌尖上的安全"，还要"舌尖上的美味"，标志着中国农业发展的主要矛盾由总量不足向结构性矛盾转变②。在城镇居民收入快速增长的背景下，农产品消费结构出现了高、中、低的阶层分化，而农产品的生产导向未能发生紧跟市场需求的相应变化。因此，要立足区域农业自然资源与市场需求，建立优化区域产业布局的农产品品种正面清单与负面清单，

---

① 姜文来.三大主粮供需稳定　大豆缺口问题亟待解决.中国经济时报.2020-09-02.
② 陈文胜.中国粮食安全的信心源自何处.光明日报,2020-04-14.

错位发展具有鲜明地域特色的农产品，才能确保中国稀缺的耕地资源得到有效利用，不断提高农业的土地产出率、劳动生产率和资源利用率。那么，区域农业生产的品种选择，就关系到经营性农民能不能赚钱、有没有生产积极性的问题，关系到居住性农民的自我口粮保障能力、农业能否可持续发展的问题，更关系到中国最宝贵的耕地资源的优化配置问题。面对这些问题，需要从供给端发力，促进要素向特色产业和品牌品种集中，生产向优势区域集中，形成与消费需求相适应、与资源禀赋相匹配的农产品品种结构与区域生产布局。同时，全面推进分类分区域的耕地整理，加快耕地质量提升，确保耕地的可复耕度，变抛荒为休耕，就能使"藏粮于地"的战略落到实处。

三、农业效益递减的农民增收困境

中国农业承担了粮食安全与农民增收的双重任务，从来就不是一个简单的经济效率问题。习近平总书记指出，"促进农民增收，难点在粮食主产区和种粮农民。"[①] 各级党委、政府一直将农业增效农民增收作为"三农"中心任务来抓，实施了一系列强农惠农富农政策，农村居民收入和农业效益增长速度总体上在不断提升，但农业补贴政策导致农产品供给结构性矛盾的同时，农民增收边际效益也在不断下降，激励生产的效果不断递减，整体的收入水平仍然偏低。从市场经济规律来看，在工业化、城镇化进程中，农业效益递减与工商业效益递增的结构性矛盾，不仅形成了对经济社会发展难以抵御的诱惑力，而且导致农业在国民经济中所占份额呈现不断下降的趋势，加之受国际环境复杂严峻、国民经济下行和疫情等宏观背景的多重影响，影响农民收入的不确定性因素急剧增多，农民增收压力越来越大。

---

① 习近平.在农村改革座谈会上的讲话(2016年4月25日)//论坚持全面深化改革.北京：中央文献出版社,2018:262.

（一）农民增收遭遇前所未有的多重压力

在农民增收问题中，最突出短板是农民经营性收入总量偏低，尤其是贫困摘帽县的农民经营性收入偏低，最大的挑战是农民工资性收入增速下滑，最大的瓶颈是财产性收入，最现实的难题是财政减收下稳定农民转移性收入，总体上呈现经营性收入"三难"瓶颈、工资性收入"三不"挑战、财产性收入"三弱"局限、转移性收入"三多"境况等主要矛盾，不仅使"三农"工作的形势更加严峻，而且对全面推进乡村振兴带来多重压力。

经营性收入：生产成本降低难、农产品卖难、产业结构调整难的三"难"瓶颈久拖未破。人多地少的国情决定了小农户经营模式的长期性，导致资源利用粗放，耕地质量不断下降，基础设施投入不足，使水、肥、药及防灾抗灾投入居高不下，而农业生产要素价格与劳动力价格不断上涨，生产成本不断递增，人均土地收益不断递减。尽管随着农业供给侧结构性改革的推进，满足消费者需求的多样化、个性化特色农产品效益得到快速提高，但特色优质产品比重偏低且大多未形成规模优势，也未形成健全的市场服务体系，产销市场信息渠道不畅，运输过程损耗过大，流通成本居高不下，导致一些农产品销地市场供给短缺"买难"，产地大面积滞销"卖难"。同时，产业结构单一的"老大难"问题仍然严重，"大路货"农产品的区域相似度较高而普遍存在同质竞争，低价与"卖难"更加突出。

工资性收入：城镇化带不动、县域经济上不来、农民工出不去三"不"挑战齐头并至。受国民经济下行冲击，城镇化速度明显放缓，县域经济回升普遍动能不足，GDP 增速下降必然减少非农就业。其中，最大的挑战是农民工资性收入增速下滑。不仅产业收缩，而且智能化的劳动替代也不断在减少劳动力的需求，农民就业难度不断加大。同时，农村人口老龄化加剧，农村务工人数逐年下降，加上基建、运输、房地产等行业产能过剩投资下滑，农村居民务工收入增幅回落，工资性收入增长难度越来越大。而突如其来的世纪疫情对劳动密集型企业造成重大冲击，大多数农民工返岗就业受阻而滞留在家，直接影响到农民的收入。根据有关资料，湖南农村劳动力转移就业达2 000多万人，只要有一半人1个月没有工资收入就1个月损失达400亿元。疫情的后遗症仍在持续，无疑对农民工资性收入增加带来多重叠加的挑战。

财产性收入：改革红利弱、集体经济发展弱、农民创业动力弱三"弱"局限多重叠加。根据调研，农民收入中不仅财产净收入占比低，而且来源单一，主要为转让承包土地经营权收入，其他收入来源占比很小。在湖南省统计局2019年抽样调查中，农民收入来源中仅3.54%靠"集体分红"，3.03%靠"房屋、土地出租"[①]。其根本原因是由于农村诸多改革还处于试点探索阶段，尤其是土地制度改革进展比较缓慢，农民土地、房产等没有得到有效激活，加上农村投资回报周期长、创业风险大的先天性局限，不仅导致集体经济发展失去根本支撑，而且导致农民创业的意愿与动力不足，成为农民增收的最大瓶颈。

转移性收入：贫困边缘人口多、政策依赖多、县级财政收不抵支多的三"多"境况压力山大。尽管贫困县已经摘帽，但已脱贫的多数人口仍属于低收入群体，且尚有不少处于贫困边缘的人口，受经济条件、就业环境等因素制约，农村低收入家庭占比大，对政策依赖度高，导致收入增长幅度有限，这成为拉低农民收入平均水平的一个重要因素。在脱贫攻坚决战阶段采取的强力扶贫措施，其财政补贴力度及覆盖面达到历史最高峰，有力地提高了农民转移性收入份额。随着转入乡村振兴阶段，各项政策性补贴趋于饱和、速度放缓，部分产业扶贫项目分红到期，转移性收入增速难以持续保持高位。长期以来，

---

① 湖南省统计局民意调查中心. 喜谈乡村变化　点赞乡村振兴——湖南省乡村振兴战略实施情况民意调查报告. 湖南省人民政府门户网站［2019-11-26］http://www. hunan. gov. cn/hnszf/zfsj/sjfx/ 201911/t20191126 _ 10758332. html.

农民生产积极性主要靠政策因素带动，而不是主要靠生产经营水平提高带动，农民自我"造血"能力明显不足。当下的客观问题是，在县级政府财政收入快速下降的同时实施降税减费，而社会公共支出刚性增长，不少县级财政收不抵支情况严重，不仅不太可能大幅增加对农民收入的政策性补贴，而且在财政减收的情况下稳定农民转移性收入也是最现实的难题。

（二）需要以促农民增收作为农业发展的首要工程

政府采取了多种惠农政策，仍然没有把农民积极性很好地调动起来，这就关系到如何保证农业生产与增加农民收入的一致性问题。国家在考虑粮食安全，农民却在考虑"种粮安全"。习近平总书记对此强调，"在政策上，既要考虑如何保证粮食产量，也要考虑如何提高粮食生产效益、增加农民种粮收入，实现农民生产粮食和增加收入齐头并进。"[①] 因此，必须明确把农民增收作为农业发展的首要工程，以确保发挥"三农"压舱石的战略作用。

以提升经营性收入为关键，把产与销连起来。作为农业大国，诸多农产品的产量居世界前列，这不仅是稳定农民增收的强项，也是农业地区特别是脱贫摘帽地区实现乡村振兴的定海神针。在世纪疫情的大背景下，需要高度警惕世界性粮食危机的重大风险，特别是养殖农产品短缺与价格上升可能成为市场基本趋势，绿色优质的生态农产品价格也将居高难下。因此，必须立足各地资源禀赋的强项，以品牌化为取向，按照农业供给侧结构性改革的要求，形成地域特色鲜明、区域分工合理、绿色高效发展的生产布局。一是在生产环节提高农产品品种质量。建立各区域农产品品种与质量的正面清单与负面清单，严格以"一县一特、一特一片"为农业长期政策的支持依据，加大对集

---

① 习近平.在农村改革座谈会上的讲话(2016年4月25日)//论坚持全面深化改革.北京：中央文献出版社,2018:262.

聚要素、集群发展、彰显特色、形成优势的农业园区、特色产业支持力度。二是在加工环节提升农产品市场价值。奖励县级政府根据本地农产品加工需求引进特色和大宗农产品的加工企业；奖励相关服务主体对农民的农产品初加工提供技术指导；奖励农产品加工企业建立与农民的紧密利益联结机制。三是在销售环节畅通农产品流通渠道。加大对主要农产品的生产、投放、调配的产销对接服务力度，支持县级政府统筹协调进行区域内农产品产销信息化的平台建设；奖励依托"互联网＋"推进城乡生产与消费对接的经营主体；引导国营农业企业大力开展农产品产销对接服务、冷链物流体系建设，加快完善全国农产品冷链物流布局；进一步提升中央媒体和地方媒体免费推介贫困摘帽地区农产品和乡村旅游的工作机制。

以确保工资性收入为重点，把劳动力送出去。农民收入主要依赖于"打工经济"的工资性收入，这已经成为农业地区特别是脱贫摘帽地区推进乡村振兴的定盘星。因此，农民增收的重中之重，就是要多措施应对疫情对农民工资性收入的巨大冲击。一是建立农民工信息平台。要把农民工就业预警作为一项重要工作部署推动，全面建立"农村劳动力资源供给信息库"和重点"帮扶对象"档案，及时把握农民工就业情况。二是建立用工信息发布平台。地方政府要主动对接外用工单位，组织引导农民工外出务工，通过互联网＋就业平台、网上招聘 App 等多种方式集中发布主要输入地企业用工、复工、交通、疫情等信息，特别是发布招聘信息，引导务工人员有序安排务工行程。三是进一步强化扶贫车间的扶持政策。逐人落实好难以外出务工的脱贫户就地就业措施，确保不返贫。五是支持对农民工进行就业培训服务。对推行与企业合作发展"订单定向培训"予以奖励，加大对农村居民职业教育的投入，全面扩大通过定向招生、免费培养、定向就业等方式培养各类乡土人才的范围。

以扩大财产性收入为突破，把改革活力激发出来。进入新的发展阶段，财产性收入已经成为农民收入增长最快最具活力的来源。因此，在农民收入上，最需要激发的潜力是增加财产性收入，推进深化改革成为农民收入增长的发动机，以农民收入的弱项为突破口，从而开拓农民收入中这一具有最强可塑性的增长点，确保农民收入水平实现新增长。一是以农村土地制度改革为动力激活农民财产收益。以农民增收为主线，鼓励有条件的村庄用好城乡建设用地增减挂钩政策、点状供地政策；支持村集体探索经营性建设用地入市、宅基地"三权"分置改革；鼓励村集体组织对闲置农房和土地资源实行统一收储，通过出租、合作等方式实现多元化使用；明确非城镇土地收入不得作为县级政府财政收入，主要用于所在地的村集体经济发展、基础设施建设和农民社会保障，形成激活村集体经济发展活力、增加农民收入的双重效应。二是推进县级涉农资金统筹整合制度常态化。把脱贫攻坚中的县级涉农资金统筹整合权限改革扩大到所有县级政府，包括产粮大县奖励资金、生猪调出大县奖励资金、农业保险补贴等各项涉农资金以及农业项目的申报，由省政府直接授权或者受理，作为应对疫情的重要支持措施。三是以农民增收为核心指标完善"三农"工作的考核机制。进一步强调中央关于县委书记要把主要精力用来抓"三农"工作的要求，把农民增收情况作为实施乡村振兴战略的关键指标来考核，强化责任到位。

以稳定转移性收入为底线，把公共供给覆盖下去。党中央不断强调，要全面落实各项强农惠农富农政策，稳定农民转移性收入。根据基层调研，最需要统筹提升的收入是农民转移性收入，以保障农民收入中这一最基本收入不拖后腿，作为保障农民增收的压舱石。因此，需要确保农民转移性收入的投入底线，尤其是要稳定脱贫摘帽县农民增收的转移性收入存量，进一步巩固脱贫攻坚与全面小康的建设成果。一是加快农村基本公共供给由特惠向普惠转变。主要是在补齐公共供给的短板方面，集中力量满足农民最关心、最直接、最现实的需求。二是强化脱贫人口兜底保障。及时把握脱贫人口的发展情况，对存在返贫风险的脱贫户及时落实低保政策，切实做到"不漏一户、不落一人"，实现应兜尽兜、应保尽保。三是确保强农惠农富农的财政投入稳中有升。尽管遭遇抗击疫情之战和经济下行压力，但应做到政策不变，力度不减，以稳定农民的转移性收入。

四、农产品加工的联农带农难题

农产品加工业关联度大、涉及面广、带动力强，肩挑农业、工业，维系城市、农村，惠及农民增收、企业增效和财政增税，既是发展现代农业、解决"三农"问题的有效途径，更是促农增收的有效途径。

（一）农产品加工存在联农带农的现实问题

近年来，农产品加工业总体规模持续增长，龙头企业和工业园区加速发展，品牌建设初显成效，农产品质量显著提升。但是，在实地调研过程中也发现，农产品加工业发展仍显滞后，带动农业增效和农民增收的水平滞后。

1. 产业专业化分工与集约化发展不足

根据对湖南的调研发现，经过多年的发展，农产品加工业形成了以粮食、畜禽、果蔬、油料、茶叶、水产品、棉麻、竹木等加工为主，其他特色农产品加工为辅的产业体系，但这并不表明湖南农产品加工业的专业化和集约化已形成。因为，在较大范围内，农产品加工的规模不断扩大，很可能是由于区域范围的产品结构趋同形成的，大部分地区都是围绕自己的"小天地"来布局，散、杂、弱的问题比较突出。尽管已经告别了"村村点火、户户冒烟"的模式，向规模企业集聚、向园区集聚、向优势主产区和城近郊区集聚确实越来越明显，但目前湖南除了唐人神肉制品加工、金健粮油制品、正虹饲料、金浩茶油、临武鸭等市场知名度比较高的龙头企业以外，其他农产品加工企业规模普遍偏小，基本上没有真正实现专业化和集约化，以至农产品转化增值能力不强，农产品加工业促农就业增收的潜力未能充分释放。

2. 农产品加工品质结构与市场消费结构不相适应

随着经济发展推动生活水平不断提高，人们对于食品的需求已由数量转变为质量。从市民每天的饮食结构中就不难发现农产品消费结构发生了历史性变动，从传统温饱生存型向"舌尖上的安全""舌尖上的美味"演变。在农产品消费的品种结构性变迁背景下，随着城镇居民收入的快速增长与社会收入阶层的多元分化，农产品消费出现了高端、中端、低端阶层分化的多元结构性变迁，温饱追求已经是过去时了，消费追求不仅讲究营养、健康，而且讲究口味，消费需求呈现多样化、个性化、特色化趋势。根据对湖南的调研发现，大多数农产品加工企业为劳动密集型企业，加工规模较小，设备简陋，一些传统产品仍停留在手工作坊式的水平。一方面，缺乏先进的技术装备、新型工艺和自主开发能力，生产管理成本高，农产品加工深度精度不足，无法满足高层次市场需求。农产品加工整体呈现粗加工的多、精加工的少，初级产品多、深加工产品少，中低端产品多、高端产品少的特征。如大米加工，优质精米、有机米、营养糙米和功能性大米加工比重不足，导致盈利能力不足，严重制约粮农增收。还有柑橘，近几年湖南省柑橘"卖难"，表面上看，是由于冰冻、"蛆柑"等偶然影响，实质上却是品种欠细分，鲜食比例大，多元化、精深化加工产品少，造成积压卖难问题，农民企业双受损。另一方面，存在产业规模做大了而技术跟不上，管理更是落在后面的情况，一些传统的制作方法，已经不容于现代人的卫生观念。一旦发生相关负面舆情，整个产业的生存都会受到极大冲击，央视"3·15"晚会曝光的华容"土坑酸菜"即为典型案例。

3. 企业品牌与区域公共品牌缺乏有效衔接

农产品区域公共品牌作为一张象征区域特色农产品的"名片"，

越来越受到政府的重视和消费者的关注。随着农产品品牌不断增加，区域公共品牌和企业品牌建设过程中遇到的问题也愈发凸显。根据对湖南的调研发现，有些地方企业品牌热衷于追求规模效应和短期效益，缺乏系统规划，没有把握好发展的内在要求，品牌名声在外，带动产地农业生产和农民增收的能力较弱。由于加工产生的规模扩张过度，导致越来越依赖于产地以外地区的农产品，事实上已经脱离了区域品牌建设的本质，也不利于企业品牌的发展。有些地方农产品区域公共品牌建设取得了一些成绩，但存在假冒伪劣现象，或者说是"搭车蹭光"，公共品牌"成功"了，但消费者不知道选择谁。区域公共品牌管理存在不足，授权机制不健全，加之标准化生产难以实现，销售体系各自为政，存在"人人可用，无人来管"的现象，极不利于企业品牌发展。因此，从现有区域公共品牌建设来看，有必要构建区域公共品牌和企业品牌的联动机制，形成优胜劣汰的动态调整。

4. 农业科技研发与市场体系存在结构性矛盾

根据对湖南的调研发现，在农业科技研发方面取得了显著成就，如养猪院士印遇龙、辣椒院士邹学校、鱼院士刘少军、茶叶院士刘仲华等一批优秀的科研人才和团队为科技赋能农业发展起到了重大作用。但农业科技创新的人力、物力主要集中在农产品生产环节或生产前期，在农产品加工环节的研发存在不足，尤其是在与市场需求相匹配的方面还有许多亟待破解的难题。分析当前的市场需求变化可知，从"吃饱"到"追求高品质"农产品的趋势不断加速，人们的生活和消费方式发生改变，农产品加工体系存在巨大空间。比如：主食厨房、中央厨房、功能食品等，老年人群、婴幼儿、特殊人群等不同群体，高、中、低端消费群体，消费主体多元化，消费需求多样化。需要根据不同品种和不同需求，在粮油综合加工、果蔬保鲜、果蔬烘干、果蔬榨汁、果蔬发酵、畜禽生鲜加工、传统肉制品加工、水产品综合加工等领域加大科研攻关，开发多系类产品，合理确定主食类、鲜食类和功能类加工程度。在加工新技术、新工艺、新装备的研发方面，还需结合产品结构多元化、优质化、功能化以及产品细分化方面发展的要求，积极研发新产品。

5. 财政投入与加工、流通环节的需求不匹配

农产品加工业投入大、利润薄，受自然环境、市场变化影响大，现阶段仍是弱势产业。现有的财政政策对农产品生产环节的支持较多，对农产品加工、流通环节的支持明显不足。各级政府对农产品发展的投入，中央财政和省各级财政预算内可用于农产品发展的资金，对农产品生产环节的投入比例远高于加工、流通环节。而这少量的投入也主要集中在少部分龙头企业尤其是国有企业，众多民营企业和中小微企业享受财政投入不多。比如，茶油加工技术日趋成熟、加工链条延长、设备更新换代，需投入的资金量较大，民营企业和中小微企业的自有资金有限，能得到的资金扶持不多，一定程度上制约了茶油加工企业的发展。

(二) 需要不断提高农业龙头企业联农带农能力

推进农产品加工业高质量发展，要立足农业增效和农民增收，强化农产品加工转化意识，改变"重种养、轻加工"的状况，形成现代化的农业产业体系、生产体系和经营体系。

1. 围绕集群效应赋能，推进农产品加工环节的社会化分工

以农产品加工业谋划农业产业布局，加快推动优势产品向优势企业集中，优势企业向优势区域集聚。通过发展加工业带动农业发展，构建"从田间地头到餐桌"产销一体的全产业链，形成区域性优势特色农业产业集群。一是加快建设农产品加工产业园，引导企业在园区内合理布局。实施农业产业集群培育行动，创建一批农业种养、生产加工、物流仓储、市场营销于一体的农产品加工园区，重点培育优势

产业集聚区，引进有实力的集团、公司、社会能人投资进驻，每个产业重点扶持全产业链标杆型龙头企业，打造加工领域龙头，发挥加工在整个产业链中的挈领作用，提升农业的整体效益。二是大力发展和培育龙头企业，促进产业的融合和升级。支持农业企业通过兼并、重组、收购、租赁、控股等方式组建大型企业集团。发挥龙头企业引领作用，支持龙头企业延伸产业链条，聚焦初加工、主食加工、精深加工三大领域，通过扩大生产经营规模、提高技术装备水平，推动农产品加工向精细化、特色化、功能化发展。三是加快农产品加工原料基地建设。在大宗农产品主产区、特色农产品优势区，培育和引进加工企业，加快建设一批绿色、生态、特色农产品加工原料基地，为农产品加工企业提供稳定的、优质的加工原料，形成"为加工而种、为加工而养"的"种养加"格局，把基地建设与主导加工产业的形成、龙头企业的发展紧密结合，提高农产品加工转化率和市场影响力。四是提高农产品加工企业的组织化程度。通过行业协会组织的建设，规范生产经营行为，提高标准化程度，加强成员之间在技术开发、市场营销、教育培训、法律咨询等领域的合作，并通过行业自律避免竞相压价等恶性竞争行为，形成行业整体竞争优势，提高市场竞争能力[①]。

2. 适应消费结构变迁，面向市场推进农产品加工的精准分级

随着市场结构和消费需求的变化，只有促进细分产业集群的发展，不断完善产品矩阵，实现农产品的精准分级销售，才能满足不同消费阶层对农产品的差异化需求。一是围绕消费者生活方式进行农产品加工形态的创新。推出多元化产品，通过满足精细化消费需求，收获碎片化的消费群体，最终塑造消费者的黏性。二是引导消费者选择价值直观可视的标准化产品。根据品质的不同，将产品按照一定规则进行分级，再依据分级后的产品特点销往匹配的市场，以匹配不同细

---

① 唐苗生,罗振新.我省发展林产品精深加工的对策.湖南林业.2004(12).

分市场的需求，从而细化和拓展利润空间，提升产品整体品质。例如南方茶油，根据精炼级别不同，二级茶油、一级精炼茶油和冷榨冷提茶油的价格不同，精炼程度越大，价格越大，冷榨冷提茶油比精炼茶油价格高，且价格差别范围很大。三是针对不同的消费阶层选择差异化的包装风格。对于中低收入阶层，产品包装可以仍以保护与保存作用为基础，从而降低产品的成本，降低产品的零售价格；而针对注重品牌与时尚的高收入阶层，可以更加注重包装的美观，突出品牌与个性。

3. 依托本地特色优势，企业品牌以带动农产品生产为立足点

发挥农产品加工企业联系农业与市场的重要纽带作用，构建"利益共享、风险共担"的利益连接机制，通过股份合作、订单合同、服务协作、土地流转等利益联结模式，带动本地农产品的生产，引导农民参与农业产业化经营。一是完善企业与农户的利益连接机制。引导农产品加工企业采用"龙头企业＋基地/农民专业合作组织＋农户"等多种农业产业化运作模式，将小农户纳入现代农业产业体系。二是挖掘品牌文化，发挥地方品牌优势。构建以"三品一标"农产品为基础、企业品牌为主体、区域公用品牌为龙头的农产品品牌体系，全面提升农产品市场竞争力。加快地理标志农产品的品牌定位、技术革新和品种开发，大力推进地理标志产品保护工作，保护和弘扬区域性和地方性品牌，推动地理标志品牌与产业协同发展。加大品牌营销推介，挖掘农业品牌的价值与文化内涵，讲好农产品品牌故事，通过品牌知名度、美誉度和诚信度增强全产业链的凝聚力[①]。三是完善利益协调机制，促进产业链组织化发展。理顺企业与农业合作社、农民之间的关系，提升产业链的组织化程度，增强农户和农业合作社的决策话语权，解决企业与农户之间单纯的买卖关系问题，使农户在农产品

---

① 祝琪雅,金龙新,刘英,等.湖南省农产品加工业发展现状及对策建议.湖南农业科学,2018(9).

出售和加工增值两个环节双得利，确保农民分享产业链成果。

4. 提升农产品附加值，加大对农产品加工研发的支持力度

在农产品价值链各环节中，加工工艺决定了农产品价格高低，副产品的开发提高了农产品的价值功效。建立灵活的多元投入机制，鼓励和扶持行业企业开展农产品加工工艺和终端产品研发，提高农产品品质、科技含量和附加值。一是加强对农产品加工科技创新的组织和引导。制定农产品加工科技发展计划，开展农产品加工技术的科技攻关，例如机械化屠宰和肉品精深加工水平提高，茶油加工工艺改进，速冻鱼片、鱼糜制品等多样化的水产食品开发，竹木剩余物高值化利用及新产品开发等，引导企业加大产品培育和开发力度。二是建立多元化、多层次、多渠道的科技投入体系。通过建立科研风险保障机制，引导企业自主投入，设立农产品精深加工研制开发基金，加大财政专项支出额度，给予农产品加工企业贷款优惠，多措并举加大对农产品加工业的科技投入力度。三是加强建立以企业为主体，产、学、研相融合的技术创新体系。搭建农产品加工产、学、研信息共享平台，帮助龙头企业与科研院所、高等院校开展技术合作与产品创新，支持公共技术研发平台和成果转化基地的建设。

5. 优化财政投入结构，以农产品市场体系建设为战略重点

财政投入重点由农产品生产转变为农产品市场体系建设，加快建立高效畅通、安全规范、竞争有序的农产品市场体系。一是加快农产品加工标准化体系建设。加大财政对建立和健全农业标准化体系、农产品安全生产体系、农产品质量认证体系和农产品质量监督管理体系的投入，注重标准化的生产。二是加快农产品质量安全溯源体系建设。加大财政对肉类加工、食用植物油、茶叶等行业质量安全溯源体系建设的投入，实现农产品端对端的从种养到加工的质量来源可追溯性。三是加快农产品展示和市场营销体系建设。加大对农产品展示和市场营销体系建设的投入，引入"互联网＋"思维，加强"互联网＋农产品加工业"发展模式研究，搭建电子商务、移动互联网营销、第三方电子交易平台，助推农产品加工企业适应消费需求升级和购物方式转化，创新生产经营模式和商品流通方式。四是加快农产品现代流通体系建设。加大对农产品现代流通体系建设的投入，尤其是对物流运输企业和现代化农产品物流中心的扶持力度，协调农产品物流运输关系，实现产销精准对接。

第四章 | CHAPTER 4

农村土地制度历史演进的改革之问

 土地作为农业生产的一种重要资源，是农民之根与农业之本，处于农民与国家关系中的核心地位，在过去的一个多世纪深刻影响着中国农业农村兴衰与国家命运。在当前中国快速工业化和城市化进程中，对农村土地进行合理配置以提高其利用效率，是农地制度安排的一项基本要求，更是推进中国农业农村现代化、建设农业强国的动力变革与制度变革的主线。因此，党的二十大报告提出，中国式现代化是全体人民共同富裕的现代化，坚持把实现人民对美好生活的向往作为现代化建设的出发点和落脚点，并要求"深化农村土地制度改革，赋予农民更加充分的财产权益"。

一、从人民公社集体经营向农户家庭经营

 回顾中国社会的发展历程，从民主革命、土地改革、合作化运动、人民公社化到家庭承包经营，无不与土地制度直接相关①。土地制度每一次变革都引起农业生产方式的变迁，乃至整个国家社会经济的变迁，而农业生产方式的每一次变迁又反过来对土地制度提出新的要求，明确土地制度变革的未来方向。

 中国封建社会土地制度的主要形式是土地私有制，但不是纯粹的

---

 ① 徐勇,项继权,主持人语:土地产权——国家与农民关系的核心.华中师范大学学报(人文社会科学版),2005(6).

土地私有制，而是在国家最高所有权支配下私有为主体、公田为辅的小农经济土地私有制度，即土地国家所有制、地主私有制和自耕农小私有制，其中地主私有制是封建土地所有制的主体①，构成中国封建社会经济结构的根本特征。自明清以来直到20世纪40年代，基本呈现土地地主占有、佃农经营，辅之以自耕农经营的私有制形态。这种所有制形式与今天日本、韩国及中国台湾地区的农村土地私有制相类似，尽管农地在形式上是农民所有者、经营者、劳动者三位一体的形式，但政府是最高支配者和经营的最高决策者，农民成了统一的国家大农场劳动者，形成了与西方发达国家所不同的农民与国家关系，这种所有制形式下小农经营普遍化的农业生产方式被称之为"东亚小农"②。

1949年中华人民共和国成立后，中国农村土地制度经历了土地改革、合作化、人民公社、家庭联产承包责任制的变化过程。1949—1952年在全国范围内进行土地改革，在短短3年间土地由地主所有制转变为"耕者有其田"的农民所有制，实现土地的私有私营，并通过《中国人民政治协商会议共同纲领》③和《中华人民共和国土地改革法》④对农民的土地所有权进行了确认。因此，农民不但拥有了实际的土地，而且还拥有了法律层面上的土地占有权、土地使用权、土地收益权以及土地处分权，使农地的所有权和使用权终于实现了真正意义上的统一。

1952年后，全国开展农业互助和初级合作化运动，逐步将土地的农民所有变为集体合作组织所有。1958年推行的人民公社化则彻底形成了集体所有、集体经营的土地制度。公社成为农村全部财产的

---

① 钱忠好.中国农村土地制度历史变迁的经济学分析.江苏社会科学,2000(3):74-85.

② 宫嶋博史.东亚小农社会的形成.开放时代,2018(4).

③ 1949年的《中国人民政治协商会议共同纲领》中规定:"凡已实行土地改革的地区,必须保护农民已得土地的所有权。"

④ 1950年中央人民政府委员会施行的《中华人民共和国土地改革法》第30条也规定:"土地改革完成后,由人民政府发给土地证,并承认一切土地所有者自由经营、买卖及出租其土地的权利。"

主人，包括自留地、牲畜、大中型农用生产资料以及一些耐用消费品。人民公社在产权组织和运行上的特征是：单一的公有形式，在主要生产资料归属方面排斥所有者的私人性质；各级管理者由行政任命，或者由社员大会或社员代表大会选举产生；经营一般是自给性的，仅有的商品部分按照给定的价格由政府统购；集中与统一安排劳动力；分配上按劳付酬和平均主义①。1979 年人民公社制度开始瓦解，家庭联产承包责任制自下而上，逐渐在全国推开。到 1984 年年底，在全国 569 万个生产队中有 99.96% 的生产队全部采取了"大包干"的土地承包形式。在包产、包干到户的 1979—1985 年间，中国农业出现了超常规增长，于 1984 年粮食总产量达到历史最高峰，一举解决了长期困扰人口大国的吃饭问题②。

这种家庭联产承包制是一种以家庭承包为主、多种经营形式并存，实行"两权"分离、统分结合、双层经营的土地集体所有制度。所谓的"两权"分离，就是将土地产权分解为所有权与经营使用权，所有权仍属于集体经济组织，并作为发包方向农户收取土地承包费；而农户作为承包方，通过发包与承包关系获得经营使用权，获取土地产出的全部产品，完成国家赋予的税费任务。根据《中华人民共和国宪法》第 8 条规定，农村集体经济组织实行家庭承包经营为基础、统分结合的双层经营体制。所谓"统分结合、双层经营"，是指在代表集体的社会合作经济组织内部可以有两种不同的经营方式：一种是以家庭承包为基础，农户自主分散生产经营；另一种是集体统一集中经营，由集体为农户生产经营提供服务，同时管理集体企业和公共事业。这种制度在形式上与 20 世纪 50 年代初的土地改革有一致的方面，即在乡村一级均分土地，不同的是这次农民得到的是集体土地的使用权，所有权仍归集体所有。从 1978 年以来农村土地政策的演化

---

① 罗必良.产权制度."柠檬市场"与人民公社失败——农村经济组织制度的实证分析之四.南方农村,1999(6).

② 靳相木.对改革开放以来中国农村土地制度研究的述评.中国农村观察,2003(2).

轨迹可以看出，政策调整始终以稳定农民的土地承包经营权为立足点，而最突出的表现就是在土地所有权和经营权分离的条件下，农民的土地承包经营权在政策层面不断地得到稳定和强化。

对此，陈锡文认为，几千年中国农业发展过程当中农业经营形式虽然已经变化，但是大多发生在近代以后，自从土地实行家庭经营，农民成为经营主体之后，制度延续非常长的时间，到了土地改革之后，仍然是这种土地经营形式。后来，从合作化运动到人民公社，家庭经营变成集体经营，但1978年的农村改革又使得家庭经营回归到了农民经营的主体地位，这个过程到底是一个偶然还是必然？如果把眼光放长远一点，从中国农业几千年的历史中寻找答案；把眼光放宽一点，从世界农业发展中去寻找答案，这是一个必然。农业靠家庭经营有没有生命力？能不能实现现代化？到世界上所有实现农业现代化的国家去看，无非是规模大小问题，但是一定是家庭经营①。

在2008年10月9日召开的党的十七届三中全会前后，将农村土地"永久承包"给农民的呼声达到了前所未有的高潮。在政策层面，农村土地制度和农村基层的土地管理以及村集体、农民对土地的权属也在向回归农民经营主体地位的方向迈进。农民对农地的个人所有权，一开始从宅基地和宅边隙地，逐渐扩大到自留地，最后扩大到承包地。对土地的承包期逐渐延长，对村集体调田的权利从默许到限制，在2003年实施的《中华人民共和国农村土地承包法》② 予以禁止，并做了相关严格的规范。例如第1条规定，"赋予农民长期而有保障的土地使用权"。第16条规定，承包方"依法享有承包地使用、

---

① 曲哲.经营农业要有全球视野——访中央农村工作领导小组副组长陈锡文.农经，2012(5).

② 《中华人民共和国农村土地承包法》由第九届全国人民代表大会常务委员会第二十九次会议于2002年8月29日通过，自2003年3月1日起施行；根据2009年8月27日第十一届全国人民代表大会常务委员会第十次会议《关于修改部分法律的决定》第一次修正；根据2018年12月29日第十三届全国人民代表大会常务委员会第七次会议《关于修改〈中华人民共和国农村土地承包法〉的决定》第二次修正。

收益和土地承包经营权流转的权利，有权自主组织生产经营和处置产品"；"承包地被依法征用、占用的，有权依法获得相应的补偿"。第26条规定："承包期内，发包方不得收回承包地。"第27条规定："承包期内，发包方不得调整承包地。"第32条规定，"通过家庭承包取得的土地承包经营权可以依法采取转包、出租、互换、转让或者其他方式流转。"该法已经从法律上将农地所有权中除抵押和继承权以外的大部分权利让渡给了农户①。农民买卖土地、变更土地用途是非法的，但由于国家政策的引导造成农地是属于农民私人的理解，农地的私人买卖已经成为农村一个屡见不鲜的现象。尽管强制征地本身存在太多的问题，但农民的权益也得到了越来越高的补偿，这些补偿也越来越直接地补给个人，似乎这些土地非公有而是私有的。

2003年开始的集体林权制度改革，为土地向农民私有方向延伸提供了法律和政策的支持，2007年《中华人民共和国物权法》②进一步将农民土地承包经营权规定为用益物权，最终帮助农村土地承包经营权完成了从债权向物权的转变。林权制度改革后，山林至少在50年中"成了个人的了"。从农村基层干部到农民，这种理解是普遍的。"林权证"这个名称是根据该物权法的精神来确定的，有了林权证，50年的权利就法律化了，也就明确了物权的稳定归属③。

尽管中央仍然强调"农村土地集体所有制的性质不得改变"，农村基本经营制度坚持"长期不变"，但在具体的承包关系上，1984年

---

① 张晓山. 中国农村改革30年：回顾与思考. 学习与探索, 2008(6).

② 《中华人民共和国物权法》由第十届全国人民代表大会第五次会议于2007年3月16日通过，自2007年10月1日起施行。2021年1月1日，《中华人民共和国民法典》施行时，该法同时废止。

③ 熊万胜. 小农地权的不稳定性. 从地权规则确定性的视角——关于1867—2008年间栗村的地权纠纷史的素描. 社会学研究, 2009(1).

中央一号文件的规定是"十五年"不变①；1993 年中央十一号文件规定"再延长三十年不变"并"允许承包地有偿转让"②；1995 年国务院批转农业部《关于稳定和完善土地承包关系的意见》③，明确"允许承包方在承包期内，对承包标的依法转包、转让、互换、入股，其合法权益受法律保护"，明确承包地具有继承权；1996 年国务院颁布了国发二十三号文件，明确承包、租赁、拍卖"四荒"使用权最长不超过 50 年④，可以依法享有继承、转让、抵押、参股联营的权利；1997 年中央十六号文件，规定颁发土地承包经营权证书对农民的承包权利予以确认⑤；2008 年党的十七届三中全会将具体承包关系由之前"十五年不变"、"三十年不变"改为"现有土地承包关系保持稳定并长久不变"⑥。就在取消农业税且取消了集体向承包土地农户收取任何费用的权利的前提下，又将农村土地具体承包关系改变为"永佃关系"，是一种作为所有者的集体不再有任何行使所有权手段的"永佃制"⑦。不难看到，相关的法律和政策都参与了一场无意识的实际行动：农地改革的家庭经营取向。

　　回顾中国历史，几千年来家庭经营的中国农业一直是世界上最先进的农业，基本上满足了中国从战国时期的 2 000 多万人到鸦片战争前近 4 亿人口的巨大增长的需要，直到今天，人们还为中国以占世界 9％的耕地养活占世界 20％的人口而引以为豪。所以，曾担任美国农业部土地管理局局长的富兰克林在 1911 年考察中国农业后，十分肯

　　①　中共中央关于一九八四年农村工作的通知(1984年1月1日)//十二大以来重要文献选编(上).北京：人民出版社,1986：424-438.

　　②　详见中共中央、国务院《关于当前农业和农村经济发展的若干政策措施》。

　　③　详见《国务院批转农业部关于稳定和完善土地承包关系意见的通知》。

　　④　详见《国务院办公厅关于治理开发农村"四荒"资源进一步加强水土保持工作的通知》。

　　⑤　详见中共中央办公厅、国务院办公厅：《关于进一步稳定和完善农村土地承包关系的通知》。

　　⑥　中共中央关于推进农村改革发展若干重大问题的决定(2008年10月12日中国共产党第十七届中央委员会第三次全体会议通过).人民日报,2008-10-20.

　　⑦　贺雪峰.地权的逻辑.中国农村土地制度向何处去.北京：中国政法大学出版社,2010.

定中国这样一个有利于人类持续发展的传统农业，称之为有机农业，写了一本书叫《四千年农夫》，认为中国农业的世界奇迹正是传统农业所创造①。

新中国成立后到人民公社时期，对农业家庭经营进行了集体化的改造，也就是苏联农业集体经营模式在中国的实践。党的十一届三中全会所启动的改革，就是解放思想，破除苏联化的迷信与教条主义，把产生于西方发达国家的现代市场经济制度与东方农业大国的社会主义制度结合起来，探索一种逐步摆脱传统计划经济体制束缚的新发展模式，使中国特色社会主义现代化跨越了横亘在社会主义与资本主义之间的一道历史鸿沟，破解了社会主义制度能不能与市场经济相结合的重大历史难题，实现了从高度集中的计划经济体制向充满生机活力的社会主义市场经济体制的历史转变，从而为中国特色社会主义现代化提供了最有效率的经济体制②。这不仅是中国共产党人的首创，也是人类社会发展史上绝无仅有的创举，更是对中国现代化进程产生着决定影响的制度变革。因此，探索中国农村土地未来的改革道路，应该基于中国几千年稳定的乡村治理结构，既要破除今天的西方化迷信和意识形态的西化标准，又要破除过去的苏联化迷信和旧的教条。

中国人民大学刘守英教授就认为，中国过去40年经济高速增长的奇迹，是和土地制度安排与变革有很大关系的，正是独特的土地制度与变革成为中国经济高速增长和结构变革的发动机③。占世界1/5人口的中国用30多年的时间，走完了西方发达国家用100多年走完的现代化道路，这是人类史上绝无仅有的伟大奇迹。

随着农业税的全部取消，终结了中国历史上存在了2 000多年的"皇粮国税"，从而破解了中国几千年历史未能解决的最大"三农"问题——附加在土地和人口上的农业赋税问题，不仅为农村的转型发展

---

① 富兰克林·H·金著.程存旺,石嫣译.四千年农夫.北京:东方出版社,2011.
② 陈文胜.论中国乡村变迁.北京:社会科学文献出版社,2021:171.
③ 刘守英.土地制度与中国发展.北京:中国人民大学出版社,2021.

提供了广阔空间，而且为农村土地释放活力提供了前所未有的机遇。

二、小农大国站在迈向全面现代化的入口

家庭联产承包责任制为解放农村生产力、调动农民的积极性作出了历史性的贡献，但随着工业化和城镇化进程中市场经济的不断推进，农业的效益不断递减与工商业效益的不断递增，农民在市场竞争中越来越处于不利地位，局限性逐步显露出来。由于对国家、集体、农民三者之间的利益关系缺乏清晰的界定，形成"虚置的"农村集体土地所有制，农民的土地利益经历了取消农业税前由"交足国家的、留足集体的、剩下都是自己的"，到"交足国家的、剩下没有多少是集体的，更没有多少是自己的"，再到取消农业税后"农民不交国家的、不考虑集体的、剩下仍然没有多少是自己的"的历史变迁。与此同时，作为一个非常典型的小农制国家，家庭联产承包责任制的经营方式，似乎使中国农业一夜之间从"一大二公"的状态又回到了小农经济的分散经营状态①，中国再次面临如何改造传统小农以适应国家现代化进程的重大历史命题。

1. 再一次激活农村发展的内生动力

毫无疑问，改革前的农村土地制度是计划经济时代的产物，农民没有自由择业的权利而终生守望土地，农民没有出售自己产品的权利而由政府统收统购，集体所有权以集体为主体单位，具有地域性和排他性。改革后的农村土地制度，是社会主义市场经济时代的产物，农民有自由择业的权利特别是有进入城市的权利，农民有出售自己产品的权利，在新农村建设以后又获得了国家财政开始向农村投入的权利，已经不存在传统农业上的"三农"问题，存在的只是一个传统农业向现代农业转型的问题。党的十八大以来，随着新一轮改革的不断

---

① 李鹤. 小农经济问题的争论. 现代经济信息，2012(18).

深入推进，城镇化已经成为中国发展不可阻挡的趋势，城乡融合发展将是中国新型城镇化与农业农村现代化的主旋律，在这个进程中，如何确保新型城镇化和农业农村现代化同步发展，再一次激活农村发展的内生动力，成为全面推进乡村振兴的关键所在。

党的十八届五中全会提出，要稳定农村土地承包关系，完善土地所有权、承包权、经营权分置办法，依法推进土地经营权有序流转，构建培育新型农业经营主体的政策体系①。随后中共中央办公厅、国务院办公厅在印发的《深化农村改革综合性实施方案》中明确提出，"深化农村土地制度改革的基本方向是：落实集体所有权，稳定农户承包权，放活土地经营权"②。这是在坚持农村土地集体所有的前提下，进一步加快承包权和经营权分离，进一步强化所有权、承包权、经营权"三权"分置，推动经营权流转的格局，使农村集体产权更加清晰。这实质上是把赋予农民更多财产权利作为根本出发点、落脚点，从成员权的视角明晰产权归属，完善各项权能。如明确"开展农村土地征收、集体经营性建设用地入市、宅基地制度改革试点""探索宅基地有偿使用制度和自愿有偿退出机制""探索农民住房财产权抵押、担保、转让的有效途径""出台农村承包土地经营权抵押、担保试点指导意见""分类推进农村集体资产确权到户和股份合作制改革"等，赋予了农民对集体资产股份占有、收益、有偿退出及抵押、担保、继承权等各项权能，推动农村集体产权制度与市场的衔接机制的建立，这对于加快农村改革进程，盘活农民资产要素，形成增加农民收入的长效机制，激活农村发展的内生动力，具有十分深远的战略意义③。

所有关于农民与国家关系的解释都必须以在那片土地上到底发生

---

① 中国共产党第十八届中央委员会第五次全体会议公报.北京：人民出版社，2015.

② 详见《中共中央办公厅 国务院办公厅印发〈深化农村改革综合性实施方案〉》，《国务院公报》2015年第31号。

③ 陈文胜.中国农村改革的五大战略方向.中国乡村发现，2016(1).

了什么为基础①。众所周知，农民除了农业生产经营收入和外出务工收入外，几乎没有财产性收入。土地和住房是农村最有市场价值的资源要素，推进市场流动来释放这个沉睡的产权能量，不仅可以为农民增收开辟新渠道，而且可以为农民扩大生产、增加投入和提供信用资产开辟新途径②。

回顾改革的进程，党的十一届三中全会以后实行的农户承包经营，在保持集体产权不变的前提下分离出承包经营权，是土地集体所有权与农户承包经营权的"两权"分置。由于城镇化快速推进，大量劳动力流出农村，农民不经营自己承包地的现象越来越多，只有把农民土地承包经营权分为承包权和经营权，实现承包权和经营权分置并行，从"两权"分置演变为所有权、承包权、经营权的"三权"分置，以顺应农民保留土地承包权、流转土地经营权的意愿。与此同时，颁发权属证书，强化物权的法律保护，从而为土地产权的市场流转奠定了坚实的基础，是继林权改革颁发林权证书之后又一个农村改革的制度创新。从而可以把土地资源作为杠杆，撬动其他资源要素如劳动力、科技、资金对农业的积极性，对土地进行优化配置，既可以维护农民的承包权益，又能解决土地资源优化配置的问题，提高土地有效利用率、产出率和生产率③；既可以让农村劳动力放心流转土地，转移到非农就业，又能够促进土地规模经营的形成。

"三权"分置的改革，本质上就是以集体所有制为主体，以个人所有的、股份的、合作的等多种形式为有机构成，是在市场经济条件下集体所有制的有效实现形式。因此，新型农村集体经济决定着资源要素有机构成的多元性，决定着集体所有制的有效实现形式是多种所有共同合作的混合经济，从而赋予了新的时代内容。这就既发挥了集体所有制作为主体对发展方向的掌控作用和对市场经济的稳定作用，

①　朱晓阳. 小村故事. 北京：北京大学出版社，2011：10.
②　陈文胜. 深化农村改革的着力点. 学习时报，2015-12-17.
③　陈文胜. 让土地成为三农的"财富之母". 中国青年报，2013-12-11.

又激发了个人、股份、合作等多种所有形式的发展活力，极大地调动了全社会各个方面发展农业农村的积极性。

在中国快速工业化和城市化进程中，政府与农民的利益博弈集中体现在农地非农化所带来的巨大利益上，原有农地制度所没有解决的问题日益凸现出来。党的十九大报告因此进一步提出，完善承包地"三权"分置制度，"保持土地承包关系稳定并长久不变，第二轮土地承包到期后再延长三十年"。这是继党的十七届三中全会提出土地承包经营权、土地承包关系要保持"长久不变"之后，首次明确农村二轮承包后的土地承包年限，进一步明晰集体与农户、农户与农户、农户与新型农业经营主体之间的权利义务关系，这是以家庭承包和双层经营为主要内容的农村市场经济体制改革进一步完善和深化，给亿万农民吃上了"定心丸"，为新时代重塑城乡关系、全面振兴乡村提供更加有力的制度保障。

土地制度是最基本的社会制度，从乡土中国到县乡中国，土地仍然是影响社会稳定和公平正义的重要因素。"只有当进城的人跟乡村的关系有合适的城市化制度安排以后"，"通过土地、金融、基础设施、公共服务的一体化重新构建城乡格局"，乡村要素的组合、调整才变得有余地①，城乡融合才有可能。因此，推进城乡融合发展，就必须以处理好农民和土地的关系为主线，围绕解决乡村各类主体发展不平衡、小农户分享农业现代化成果不充分问题，城乡居民收入不平衡、农民增收渠道拓展不充分问题，城乡资源配置不平衡、农民权益享受不充分问题，将落实集体所有权、稳定农户承包权、放活土地经营权三大重点，作为新时代深化农村土地制度与集体产权制度改革的方向，构建符合各地客观实际的农村土地制度与集体产权制度改革的体制机制，以推进新时代中国特色社会主义这一继家庭承包责任制后

---

① 刘守英.土地制度与中国发展.北京:中国人民大学出版社,2021.

农村改革的重大制度创新①。

2. 推进中国农业的现代转型

党的十八届三中全会以来的政策环境和农村经济环境，已经为农业的适度规模经营、土地稀缺资源的有效利用和优化配置创造了条件。而现在农村土地流转最活跃、最有积极性的，恰恰不是最应该发生的农业地区和人口流出最多的地方。在用途上，首先是商业开发，以房地产和工业用地为主；其次是经济作物；最后才是粮食生产，最需要粮食生产的土地流转积极性却最低。在区域上，首先是城郊地区；其次才是平原及农业基础设施较好的地区；最后才是流出人口最多的偏远山区和基础设施较差的地区，而这些地区出现了越来越多的空心村和越来越多的抛荒，造成本来就稀缺的土地资源大量浪费和闲置。调研的一个山区村庄，原来被老一辈视为命根子的耕地，在清朝时就一直耕种的水田旱地，现在一个村子全部自然退耕还林了。人去室空，耕地不要说收租金，就是无偿送人都没有人愿意种地了。像这样的村庄，靠什么去激发那些宝贵而闲置的沉睡资源？

在人力资源和科技、资金等生产要素发展农业积极性难以调动的情况下，由政府直接推动农村土地流转，而地方政府的兴趣是什么？农业不能增加更多的 GDP（数值太少），不能增加更多的财政收入（基本没有收入），不能增加更多的农民收入（收入太少）。因此，一些地方政府的兴趣在于，如何让更多的农地流转为非农地进而获得更多的财政收入。对于农民而言，如果不能从土地上获得财产收益，土地承包经营权就如同鸡肋，食之无味，弃之可惜。何况现在不用交税了，而以地分配的粮补、直补为什么不要呢？农民回去之后还有点田，可以养活自己，可以作为福利保障，也是作为在城镇化进程中农民最后的一条退路。所以，在户籍改革中有逆城镇化现象，一些地方

---

① 陈文胜.大国村庄的进路.长沙:湖南师范大学出版社,2020:203.

的市民要竭力改回农村户口。

传统农业向现代农业转型中，高科技、高投入作为农业现代化的增量，是带来高收益与高附加值的核心要素，是农业市场竞争力的核心所在。农民为什么要外出打工？因为务农难以养家，农业效益很低。虽然传统农业是有效率的，舒尔茨在《改造传统农业》中认为，传统农业中的农民行为是理性的，以其经验对可用资源进行了最优配置，对经济上的有利刺激也会做出积极且及时的反应。但是效率并不等于效益，舒尔茨进一步认为，农民之所以贫穷，是因为在多数贫穷国家中缺乏足够的能让农民作出反应的经济和技术机会，要使贫穷国家的农民把传统农业转变为经济增长的生产性资源，关键是投资①。

中国农业为什么效益不高，原因是多方面的，但其中的一个重要原因，就是土地作为最重要要素的市场价值被扭曲了，由此产生了连锁反应：人为限制市场机制对农村土地的优化配置，使人力资源和科技、资金均缺乏进入农村、农业的积极性②，农村资金供应严重不足，资金成本高，劳动力成本反高于工业和城市，科技成本也高于工业和城市，使得农业的整体成本高于其他产业，成为当前谁来种田、谁来养猪的核心症结。这就带来多重风险，一方面，造成农业产业化率（如加工度）、农业效益和农业劳动生产率偏低。根据有关研究报告，2008年，中国农业劳动生产率约为同期世界平均值的47%，约为发达国家平均值的2%，仅为美国和日本的约1%，世界排名第91位，与世界农业的差距越来越大，在开放的世界农产品市场中失去了竞争力③。不少农产品，特别是大豆、玉米遭遇全线"沦陷"。另一方面，由于在市场经济条件下，农村在城乡一体化进程中最重要的稀缺资源要素就是土地，核心是溢价的分配，而政府主导的资源配置模式造成大部分土地溢价归政府。虽然取消了农业税，但现在还是以农

---

① 舒尔茨.改造传统农业.北京:商务印书馆,1987.
② 陈文胜.论大国农业转型.北京:社会科学文献出版社,2014:289.
③ 何传启.中国现代化报告2012:农业现代化研究.北京:北京大学出版社,2012.

养政，只是从农业税养政到土地养政的转变①。因为绝大多数政府的财政都是土地财政，这就是传统农业迈向现代化农业步履维艰的一个重要原因。

比如农产品价格，既没有体现社会各要素投入的平均利润，也没有体现农业生产资料的价格及其上涨的幅度，没有体现劳动力大流动时代的社会劳动力平均价格，关键是未能反映市场价格的动态变化。在中国劳动力价格全面进入上升的发展阶段，农资价格等整个物价的上涨导致农业生产成本不断上升的情况下，粮食价格多年稳定不变。如从 1996 年到 2006 年的 10 年，粮食价格每斤只上涨了 5 分钱，说明了粮食市场价格遭遇了人为扭曲。因此，农产品价格无疑应随着市场劳动力价格、农资价格等整个市场物价的上涨而相应上涨。在市场经济条件下，对城市低收入群体，政府需要应对的有效办法是社会保障，而非以牺牲农民的利益为代价来承担城市低收入群体的社会保障责任和粮食安全的国家责任。与美国等西方发达国家对农业的补贴力度相比，中国是在放手让那些仅能维持自身生存的中国农民与对农产品给予高补贴的美国等西方发达国家的财政部进行一场不对等的竞争，其结果将难免有不少大豆、玉米这样"沦陷"的悲剧重演。

这种困境可以总结为，一些政策的制定和执行是口号农业，而农民是口粮农业，到农民这一层面的中国农业为何成为"口粮农业"？因为非市场起决定作用，包括土地等要素不能成为反映农产品价格决定因素。要么不搞市场经济，要么按市场经济规则行事，如果一旦猪肉上涨了政府就开会发布文件如何压价，而一旦猪肉下跌就发布文件全面扶持，甚至在农民没有保险的情况下给母猪买了保险，把农业的资源配置排除在市场之外，就必然引发很多问题。如果有"普世价值"的话，经济规律是有"普世价值"的，经济活动要遵从经济规

---

① 陈文胜,王文强. 耕地资源有效利用与保护的土地流转制度创新研究. 开发研究,2015(1).

律，不遵守等价交换的市场原则，不遵守优胜劣汰的市场原则，社会也就难以进步。

3. 推进以市场配置资源为取向的农地改革

党的十一届三中全会所启动的改革，就是解放思想，破除苏联化的迷信，在探索一种逐步摆脱传统计划经济体制束缚的新发展模式。这场改革的主战场在农村，正是市场机制对人力资源、资金、技术等要素的优化配置，而不是政府按计划人为配置，使农村焕发出无穷活力，拉开了中国改革的巨幕①。

在改革开放前封闭的传统农业社会，城乡二元体制使大量劳动力滞留农村，劳动力难以流动，区域内农村劳动力的投入极其稳定。农村土地被明确为集体所有，原则上禁止在人民公社之外流转。只要解决一定农民的城市户口，政府需要土地时就可以无偿征用。因此，在农村各生产要素中，人力资源和土地是最稳定的常量，极大限度地人为降低了农业的成本，以保障农产品的供给。

改革开放后，市场机制对城乡二元体制打开一个缺口，特别是在工业化、城镇化、经济全球化的背景下，劳动力、资金、技术等要素不仅跨区域大规模流动，而且跨国界大规模流动。由于可以跨区域、跨国界流动，劳动力、资金、技术等要素难以被政府绝对控制，难以成为稳定供给的常量。如同在东周列国时代，哪一个国家的政策和环境能吸引人才，哪一个国家就能强大。由于市场机制在人力资源配置中的决定性作用，农业的人力资源再也无法稳定供给，成为一个变量②。改革开放后就形成了波澜壮阔的"民工潮"，当时的乡镇干部，被上级政府要求监管农民不许外出打工，并签订责任状。外出打工叫"盲流"，要劳动局开证明并交一定工本费和管理费才能外出务工。过

---

① 陈文胜.让土地成为三农的"财富之母".中国青年报,2013-12-11.
② 陈文胜.发挥市场对农村土地资源配置的决定性作用.中国乡村发现,2013(4).

了不久，就提出了所谓的"劳务经济"，劳务大省纷纷出台文件和措施，鼓励外出务工。政府层层下达输出打工人员的任务，层层签订责任状。县政府、乡政府都到沿海发达地区联系企业输送农民前往务工，不仅负责组织输送，而且负责培训。今天回过头来看这些问题，政府从禁止农民流出农村，到顺应经济规律、主动服务农民外出务工，再到当前的"民工荒"，其中的教训是什么，其中的经验是什么？仍然值得深思。

尽管中国改革是从农村开始的，在工业化、城镇化的浪潮中，党中央又及时提出了"工业反哺农业，城市支持农村"的战略决策，但是，农村发展水平至今滞后于中国现代化与改革的进程，农村发展始终未能实现政策的预期效果，其中的一个重要原因就是农村土地资源因行政配置被过度扭曲。

学界感叹中国产生了震惊世界的人口红利，中国爆发了前所未有的发展活力。土地是财富之母，劳动是财富之父。现在农村劳动力收入已大幅上升了，农村最大收入主要是来自农村、农业之外的工资性收入。而农村土地的价值没有体现，所带来的财产性收入基本没有。由于现在的制度设计使得农业和农村仍然采用计划和市场并行的双轨制，农村土地明确是村集体所有，严禁市场配置土地资源，土地是当前农业最稳定的常量。常量是廉价的，没有成为最活跃的生产要素，使稀缺资源在市场经济条件下无法成为加快农村经济发展最具活力的要素，无法通过不断升值实现资源利益的最大化，无法就位于天然的"财富之母"[①]。

党的十八届三中全会公报虽没有明确提出"农村土地制度改革"这个概念，但明明白白地在决定中写出："使市场在资源配置中起决定性作用"，"赋予农民更多财产权利"，"推进城乡要素平等交换"[②]，

---

① 陈文胜.发挥市场对农村土地资源配置的决定性作用.中国乡村发现,2013(4).
② 中共中央关于全面深化改革若干重大问题的决定.人民日报,2013-11-16.

　　这实质上是农村土地制度又一次改革的一个强烈信号，意味着农业农村各种资源要素都要进入市场，作为农村最稀缺的土地资源无疑要通过市场机制实现其应有的价值与优化配置。[①] 党的二十大报告明确提出，"充分发挥市场在资源配置中的决定性作用"，"深化农村土地制度改革，赋予农民更加充分的财产权益。保障进城落户农民合法土地权益，鼓励依法自愿有偿转让"。从这个层面上讲，从党的十一届三中全会到十八届三中全会，再到党的二十大会议，这实质上都是在推进以市场配置资源为取向的农村土地改革。

　　党的十八届三中全会公报提出经济体制改革的核心问题是处理好政府和市场的关系，也不是说政府就不要作为，而是使市场在资源配置中起决定性作用，更好发挥政府作用。有些人一提市场经济就讨厌政府的干预，如果没有政府的积极作为，中国的经济是没有今天这样成就的。但过度迷信政府的作用，造成的问题不容忽视。如现在的省长"米袋子"工程，市长"菜篮子"工程，为完成任务一级一级压下来，层层签订责任状，到了乡政府，乡干部没有办法只有自己去帮不愿种地的农民种田，而种了后也不管收益如何，农民也不领情，这哪是什么市场经济？

　　尽管中国乡村发展取得了历史性成就，但由于城乡二元结构没有得到根本转变，最基础性的方面是土地制度与集体产权制度未能有效激发乡村发展的活力，农村的资源和资产未能得到有效盘活，导致资源要素长期向城市单向聚集。因此，必须建立逐步摆脱行政对农村土地资源配置的新体制模式，使政府从对农村土地要素市场的过多控制干预中退出来，让市场机制发挥决定性作用，让土地作为农村、农业、农民"财富之母"的优势发挥出来。因此，以市场配置资源为取向，是推进农地改革的必然选择，改革的方向就是推动产权的流动，通过产权交易实现土地资源由资产向资本的转变。这个过程肯定会有

　　① 陈文胜.论大国农业转型.北京:社会科学文献出版社,2014:290.

曲折，但这是一个长远的方向，是中国现代转型的必然[①]。

三、农业的本源性制度与经营形式的未来趋向

农村土地制度最为关键的问题是什么？就是农村集体所有制有个先天性的局限亟待破解。因为市场经济的开放性有助于土地要素的优化配置，而集体所有制内含着成员制，成员制又具有排他性、封闭性，这就是先天性的局限，一直没有破解。很多问题的核心、症结就在这里，怎么破解是未来农村改革的关键所在。法律政策应该顺应经济社会发展的客观要求和未来趋向，而不是只起约束作用。

回过头来审视中国农地改革的历史演进，可以得出如下结论：改革前集体化的效果是，短时间快速解决了农民合作能力问题，是实现共同富裕的有益探索；局限表现在，在强大的委任制的行政体制下，依赖于能人加好人的组织制度，无法对权力进行有效控制，无法形成乡村治理的长效机制，往往人去政息，怎样有效制约政府的行政权力成为制度瓶颈。而观察世界发展中国家的农地私有化效果，主要是有效解决了农业的效益问题，促进土地资源的优化配置，使更多的农民从土地中解放出来，实现人和土地的流动；局限表现在，市场风险较大，农民处于利益链条的底端，对市场资本的博弈能力不足，怎样有效控制市场资本成为制度瓶颈。

可以认为，制度不在于它的构架，而在于它的事实本身。无论是私有化还是集体化，农业都是弱势产业，在缺乏权力制约、公平的利益分配机制、完善的社会保障制度的前提下，任何改革对农民来说都是画饼充饥，对权力和资本来说却是一场盛宴。推进城乡融合发展，就要从根本上打破城乡二元结构，一是打破土地身份的城乡二元，使城乡土地市场合二为一；二是打破公民身份的城乡二元，使农民和市民合二为一。

---

① 陈文胜.发挥市场对农村土地资源配置的决定性作用.中国乡村发现,2013(4).

在当前，农地制度有很多争论，而且很激烈，但如果把它作为一个泛政治化的问题来争论，就缺乏一个对真理的讨论前提。可以对问题展开激烈的交锋，但不应该用泛政治化的标签来谈论具体问题，那将不会有任何结果。需要再次强调的是，中国现在的农村改革要进一步突破的，就是摆脱苏联计划经济的思维模式。

其实毛泽东时代就在不断摆脱苏联模式，农村包围城市的道路就是明证，但是由于时代背景和世界格局的局限，那个时代不可能在很大程度上摆脱苏联模式。邓小平时代在摆脱苏联模式的道路上，迈出前所未有的步伐，才有今天世界第二的经济大国发展奇迹。因此可以认为，中国的农地改革是一个自然的历史进程，而非一个主观、武断的乌托邦理想模式。

在当前重大的转型时期，农村有许多不确定因素存在。基于中国农业农村发展的区域非均衡性特征，需要特别正视乡村振兴战略目标下的区域差异性与路径多元性的双重面向，从整体看走向，从区域看差异，把整体层面的基本趋势、普遍规律与区域层面的客观现实、实践经验结合起来。正如习近平总书记所强调的，"大国小农是我们基本国情农情，小规模家庭经营是农业的本源性制度"，处理农民和土地的关系"既体现长久不变的政策要求，又在时间节点上同实现第二个百年奋斗目标相契合"①，推动不稳定不规范的转型，向逐渐稳定和规范的制度转向，建立一个尊重历史、立足现在、面向未来的政策框架与实践方案，是"转"而不是"型"。

2017年中央农村工作会议强调，"要坚持农村土地集体所有，坚持家庭经营基础性地位，坚持稳定土地承包关系，壮大集体经济，建立符合市场经济要求的集体经济运行机制，确保集体资产保值增值，确保农民受益"②，以巩固和完善农村基本经营制度，走共同富裕之

---

① 习近平.论"三农"工作.北京：中央文献出版社，2022：245.
② 中央农村工作会议在北京举行.光明日报，2017-12-30(1).

路。那么，农地制度的未来趋向，既不是传统计划经济的集体所有制，也不是西方农业的私有制，既要考虑到交易成本，也要考虑到利益公平，是市场经济条件下一种混合的多种形式并存。

党的二十大报告强调，"社会主要矛盾是人民日益增长的美好生活需要和不平衡不充分的发展之间的矛盾，并紧紧围绕这个社会主要矛盾推进各项工作"，并要求，"坚持农业农村优先发展，坚持城乡融合发展，畅通城乡要素流动"，"着力推进城乡融合和区域协调发展"，"构建优势互补、高质量发展的区域经济布局和国土空间体系"。核心是要解决发展不平衡不充分问题，尽快补齐农业农村发展短板，尽快跟上国家现代化的发展步伐，构建高质量发展、高品质生活、高效能治理的农业农村现代化新发展格局，推动城乡命运共同体的形成，在整体层面实现城市与乡村的共同繁荣，最终实现共同富裕。

第五章 | CHAPTER 5
回望小岗村改革出发点的历史借鉴

党的二十大首次将"农业强国"写进党代会报告，为中国式农业农村现代化明确了新的方向。在全面推进乡村振兴的进程中，回望40多年前从小岗村出发的中国农村改革，拉开了中国改革开放的序幕，中国式的现代化从此步入了历史快车道。在迈向全面现代化的进程中，需要全面深刻认识小岗村改革的标志性意义，才能深刻把握中国式现代化的历史发展主题和发展主线。

一、顺应经济社会发展的必然要求

党的二十大报告强调，改革开放和社会主义现代化建设深入推进，书写了经济快速发展和社会长期稳定两大奇迹新篇章，我国发展具备了更为坚实的物质基础、更为完善的制度保证，实现中华民族伟大复兴进入了不可逆转的历史进程。正是中国共产党领导农民在小岗村率先拉开改革开放大幕，不断解放和发展农村社会生产力，推动农村全面进步，使7亿多人摆脱贫困，创造了人类史上前所未有的中国式现代化奇迹。

不能回避，小岗村18个农民冒着身家性命危险签订大包干"生死状"，是被长久以来的饥饿和贫困逼出来的。小岗村在"大跃进"中就饿死60人、死绝6户，不论户大户小是户户外流，不论男人女人只要能蹦跳的都讨过饭[①]。1978年夏收之时，小岗村每个劳动力才

---

① 靳生，黄勇. 不是邓小平扭转乾坤26年前我可能没命了. 中国青年报，2004-08-13.

分到麦子 3.5 公斤[①]，再这样下去就只有死路一条。如果有饭吃而不挨饿不讨饭能够活下去的话，几千年以来就温顺老实的中国农民谁会愿意去冒坐牢的风险？

不能回避，改革开放前中华民族又一次面临走什么道路、向何处去的历史抉择。毛泽东在 1974 年的一次谈话中就认为："中国属于第三世界。因为政治、经济各方面，中国不能跟富国、大国比，只能跟一些比较穷的国家在一起。"[②] 华国锋于 1978 年 2 月 26 日在五届全国人大一次会议上作的《政府工作报告》中首次提出，"整个国民经济几乎到了崩溃的边缘"[③]。按照邓小平的话来说，中国的客观现实是"十亿多人口，八亿在农村"的人口大国，是"基本上还是用手工工具搞饭吃"的贫穷大国[④]，已经处于"被开除球籍的边缘"。时任中共安徽省委第一书记万里调查中发现："一些农民过年连一顿饺子都吃不上"，"农民碗里盛的是地瓜面和红萝卜缨子混煮面成的黑糊糊，霉烂的地瓜面散发着刺鼻的气味"，"全家几口人只有一条裤子"。根据有关资料，从 1956 年到 1976 年，"粮食的增长和人口的增长平均每年都是百分之二"[⑤]，其中 1976 年农村口粮比 1957 年人均减少 4斤；1977 年全国人平均口粮有 1.4 亿人在 300 斤以下，明显处于半饥饿状态；到 1978 年，全国居民的粮食和食用油消费量比 1949 年分别低 18 斤和 0.2 斤，占全国总数的 29.5％的 139 万个生产队年人均

---

①　丘桓兴.新中国60年：三次土改带来农村的发展进步.人民中国,2009(1).

②　毛泽东传(1949—1976)(下册).北京：中央文献出版社,2003：1688.

③　华国锋在1978年2月26日举行的五届全国人大一次会议上作的《政府工作报告》,这也是正式报告中首次出现"崩溃边缘"的说法。转引自萧冬连《中国改革开放的缘起》,载于《中共党史研究》2017年第12期。

④　吕立勤,原洋,梁剑箫.直挂云帆济沧海——中国共产党人关于社会主义初级阶段的理论探索与实践.经济日报,2022-03-19(3).

⑤　中华人民共和国国家农业委员会办公厅.农业集体化重要文件汇编(1958—1981)：下册.北京：中共中央党校出版社,1981：944.

收入在 50 元以下[①②]。1977 年安徽全省的 28 万个生产队，能够维持温饱的生产队只有 10%，人均年收入低于 60 元的队占 67%，人均年收入 40 元以下的队占 25%[③]；在 4 000 万的安徽省农村人口中，就有 3 500 万以上的人不能维持温饱[④]。

根据林毅夫的研究，撒哈拉沙漠以南的非洲国家是世界上最贫穷的地区，1978 年该地区国家人均 GDP 的平均数是 490 美元，中国在改革前的 GDP（156 美元）不到世界上最贫穷的非洲国家平均数的 1/3。全国居民高达 84% 的人生活在每人每天 1.25 美元的国际贫困线标准之下[⑤]，其中有 2 亿左右的贫困农民温饱问题得不到解决，甚至有不少人处于赤贫状况。因而"告别饥饿""告别短缺"成为这一时期中国农民最主要的奋斗目标，对饥饿的恐惧是这一代农民最难以忘记的集体记忆。由于严格限制农民流动，1953 年 4 月 17 日，中央人民政府在全国首次颁布《关于劝止农民盲目流入城市的指示》，并在 1953 年 4 月 20 日《人民日报》发表《盲目流入城市的农民应该回到乡村去》的社论，1956 年、1957 年国务院分别下发了《国务院关于防止农村人口盲目外流的指示》、《关于制止农村人口盲目外流的指示》文件，农民进入城市就业和生活以改变贫困状况的可能性微乎其微，农村率先改革引发和推动中国当代改革开放进程无疑具有历史的必然性。

二、遵循农业家庭经营的基本规律

以前的经典作家对于农业发展曾有一个判断，即农民必将分化为

---

① 何理. 中华人民共和国史. 北京:档案出版社,1989:368.
② 周天勇:三十多年前我们为什么选择改革开放?学习时报,2008-09-01.
③ 转引自李向前《旧话新题:关于中国改革起源的几点研究》,刊载于《中共党史研究》1999年第1期。
④ 当代中国的安徽(下卷). 北京:当代中国出版社,1992:603.
⑤ 林毅夫. 改革开放40年,中国经济如何创造奇迹. 金融经济,2018(1).

农业资本家和农村雇佣劳动者。但直至今天，经历资本主义的强势冲击及一次次经济危机的狂风恶浪，西欧、北美仍然是家庭经营为主体，日、韩仍然为东亚家庭小农。即使是美国的大规模农业，农场主自己所有的农场在 1949—1997 年间始终占全美农场总数 60%，到 2007 上升到 91%[①]。中国历史上实行农业家庭经营延续了非常长的时间，到新中国成立的土地改革之后仍然是家庭经营，20 世纪 50 年代中期实行人民公社制度，家庭经营变成集体经济，1978 年农村改革又回归家庭经营，这个过程到底是一个偶然还是必然？全国人大农业与农村委员会主任陈锡文认为，纵观古今中外，这是一个必然。因为不论任何国家、任何时代、任何社会制度，农业经营尽管存在规模大小的不同，但基本上都是以家庭经营为基础，既是人类社会发展进程中的历史现象，也是人类社会发展进程中的普遍现象。

姚洋进一步认为，以家庭小农为代表的中国农业在清代代表了全世界农业文明的顶峰，而且由于"无剥夺的积累"的优势，形成了改革开放以来中国工业化、城镇化的低成本发展优势，避免了西方工业化、城镇化进程中大规模出现贫民窟的问题[②]。因此，以家庭经营为主体，作为农业发展的基本规律，是不以任何人的意志为转移的客观存在。有些唯意志论者无视客观规律，片面夸大人的力量必然遭到规律的惩罚，"一大二公"集体化的人民公社经营模式寿终正寝就是历史答案。家庭联产承包责任制的改革从小岗村走向全国，这表明中国共产党准确认识和把握农业发展的基本规律，按客观规律办事，从而让农业回归家庭经营，是中国农业现代化道路的拨乱反正。

不能违背农业作为一种利用生物生命活动而进行生产的发展逻辑。在农业生产过程中，经济增长和自然增长相交织，不仅要遵循经济发展的市场规律，还要遵循生物发展的自然规律。工业的逻辑是集

---

① 董正华.走向现代的小农:历史的视角与东亚的经验.北京:中国人民大学出版社，2014:12-14.

② 姚洋.小农生产过时了吗.北京日报，2017-03-06.

中、规模、高效率，是因为工业生产的对象一般是无机物或结束了生命的有机物，只要工艺相同，在任何地方生产的品质相同。而农业的逻辑是分散、适量、永存性，是因为农业是以自然界的生物作为劳动对象，是一种生命的逻辑，生命的逻辑要求分散，没有分散就不可能发展下去，许多生物的生活只是为了生存而不是为了高效，而什么样的地域生态环境决定着生产什么样品质的农产品，与工业标准化相比存在根本差别。

对于农业与工业存在劳动对象、生产方式的显著区别，亚当·斯密曾指出，"农业上种种劳动，随季节推移而巡回，要指定一个人只从事一种劳动，事实上绝不可能。所以，农业上劳动生产力的增进，总跟不上制造业上劳动生产力的增进的主要原因，也许就是农业不能采用完全的分工制度。"[①]。这说明农业的生产方式不同于工业的生产方式。马克思进一步认为，农业的生产过程和劳动过程，与手工业的生产过程和劳动过程是不一样的[②]。工业生产是劳动即生产、生产即劳动，劳动与生产是统一的，集体化生产和专业化分工可以极大地提高劳动生产率；而农业与工业相比具有着自然再生产的独特性，劳动即生产，但生产过程不一定都是劳动的过程，如手工业的劳动即生产，而畜牧业和种植业的生产过程并非全部是劳动的过程，故有些环节可以进行集体化生产和专业化分工，有些环节如自然再生产就根本不能。农业生产与工业生产存在着一系列不同的变化，由此决定了工业和农业的分配方式、生产方式、生活方式都不一样。马克思就把自由农民"同家人一起"的独立经济活动看作一种生产方式，认为既别于封建农奴制也有别于农业资本主义[③]；因而不能把小农制仅仅当作一种所有制形式，而是看作包含土地占有与生产经营两个层面的小农

---

①　亚当·斯密.国民财富的性质和原因的研究(上卷).北京:商务印书馆,1996:7.
②　马克思恩格斯全集(第24卷).北京:人民出版社,1972:398-399.
③　马克思.资本论(第3卷).北京:人民出版社,1975:694.

生产方式。① 那么，在今天看来，小农所有制与经营制结合的农民与土地关系，并不仅限于农民对自己土地的占有权利，还包括在自己土地上的经营权利，而作为服务工业化的农业经济制度，不仅反映乡村内部的人际关系、人地关系，还包括工农城乡关系②。

列宁当年就认为，"美国的事实特别明显地证实了马克思在《资本论》第3卷中所强调的这样一个真理，即农业中的资本主义并不取决于土地所有权和土地所有权的形式"③，俄与美相似，而与英、法、德的国情不同，就要走美国农业发展道路，就要为"自由的农场主经营""自由的业主经营自由的土地"扫清障碍④，因而在十月革命前明确反对土地均分，其土地纲领强调要分给农场主而不是分给懒汉农民，要求剥夺资产阶级同时不能剥夺富农，因而在新经济政策中提出，勤劳富农是农业振兴的中心人物，不要害怕农民的个人主义⑤。这说明列宁在那个时代就已经意识到，农业以家庭为经营主体的方式，是由农业自身发展规律所决定的。斯大林修正了列宁的思想进行苏联集体化实践，简单地按照工业的集体化劳动来发展农业，就是忽视了农业发展的这个自身规律，带来了社会主义实践仍然需要不断反思的深刻教训。

前面提到，有人认为农地规模经营是实现农业机械化的必由之路，没有耕地面积的规模就不能实现农业机械化，也就不能用现代技术装备来经营农业，结果就是无法实现农业现代化，这也就成为集体化取代家庭经营的一个理论提前。因此，小农户被认为是落后保守的代名词，实现农业现代化就要走集体化大规模经营之路。今天中国农

---

①　马克思恩格斯选集(第4卷).北京:人民出版社,1995:298-299.

②　董正华.走向现代的小农:历史的视角与东亚的经验.北京:中国人民大学出版社,2014:53.

③　列宁文集(第27卷).北京:人民出版社,2009:153.

④　列宁全集(第16卷).北京:人民出版社,1988:390-391.

⑤　列宁文集(第13卷).北京:人民出版社,2009:256-257.

民的实践也打破了小农户不能实现农业机械化的判断。如湖南的丘陵地带和山区，尽管是小规模，除了插秧以外，基本上都实现机械化，都是用现代技术来装备农业。还有河南、河北和东北地区等平原地区，实现了农机的跨区作业以及耕种一体化，不少地方甚至通过卫星导航和互联网服务进行信息化的田间管理，小规模的家庭小农也能分享大机械的效率，这是中国农民的伟大创造。虽然每个小农没有条件都购买农业机械设备，但通过农机社会化服务实现了现代化装备，从而颠覆了传统意义上的规模经营概念，赋予了农业规模经营以新的时代内容。

针对"人均一亩三分、户均不过十亩"的"大国小农"国情，党的十五届三中全会首次明确"以家庭承包经营为基础、统分结合的双层经营体制"①，就是家庭经营再加上社会化服务的"有中国特色的社会主义农业"。八届全国人民代表大会一次会议通过的《中华人民共和国宪法》（修正案），将农村家庭联产承包制正式写入宪法，标志着以土地承包为核心的家庭联产承包责任制最终确立。党的十七届三中全会通过的《中共中央关于推进农村改革发展若干重大问题的决定》强调，以家庭承包经营为基础，统分结合的双层经营体制是中国农村改革最重要的制度性成果②。党的十九大报告把家庭经营的"小农户"③ 第一次肯定性地写进党的文献，进一步回应了农业发展的客观要求。

三、尊重农民首创精神是改革的"原动力"

习近平总书记 2016 年到小岗村考察时感叹："当年贴着身家性命

---

① 中共中央关于农业和农村工作若干重大问题的决定. 人民日报，1998-10-19.

② 中共中央关于推进农村改革发展若干重大问题的决定（2008年10月12日中国共产党第十七届中央委员会第三次全体会议通过）. 人民日报，2008-10-20.

③ 习近平. 决胜全面建成小康社会　夺取新时代中国特色社会主义伟大胜利——在中国共产党第十九次全国代表大会上的报告. 人民日报，2017-10-28.

干的事，变成中国改革的一声惊雷，成为中国改革的标志。"[①] 谁也没有想到的是，小岗村的农民为解决温饱、摆脱贫穷而在"大包干"字据上按下的红手印，由此发端，启动了以家庭联产承包责任制为内容的农村制度变革，打破了"干多干少一个样，干好干坏一个样"的"大锅饭"平均主义的分配方式，拉开了对中国高度集中的计划经济体制进行改革的大幕，成为中国改革开放时代的历史起点和逻辑起点。

不可否认，小岗村改革为解决温饱、摆脱贫穷的诉求是一条贯穿中国近代到现代整个历史进程的主线和主题。习近平总书记指出，我们党成立以后，充分认识到中国革命的基本问题是农民问题，把为广大农民谋幸福作为重要使命[②]。中国改革和开放是从农村开始的，为什么要从农村开始呢？邓小平明确指出，因为农村人口占我国人口的百分之八十，农村不稳定，整个政治局势就不稳定，农民没有摆脱贫困，就是我国没有摆脱贫困[③]。因此，最大限度地发展和解放生产力，更快地解决温饱、摆脱贫穷就成了推进小岗村改革的最大社会共识。

为了公开推行包产到户的办法，解决长久以来困扰农村的贫困问题，时任中共凤阳县委书记陈庭元就明确表态，小岗村已经穷"灰"掉了，还能搞什么资本主义，最多也莫过多收点粮食，吃饱肚子[④]。小岗村以开路先锋的作用恢复了农民家庭经营的方式，开启了中国农村由"贫困饥饿"到"温饱有余"的农业发展道路。1984 年出现了新中国成立以来首次的粮食过剩，1985 年出现了新中国成立以来首

---

①　乔金亮.小岗之路——中国农村改革第一村纪事.经济日报,2018-10-15.

②　习近平.坚持把解决好"三农"问题作为全党工作重中之重　举全党全社会之力推动乡村振兴.求是,2022(7).

③　邓小平文选(第3卷).北京:人民出版社,1993:237.

④　李邦松,李锦柱.以伟大建党精神统领弘扬小岗精神.农民日报,2022-06-11.

次农村消费占全国绝对比重的态势，农村社会商品零售总额占全国的64%[1]，中国农民从此告别了饥饿的历史。

随着改革不断推进，农村商品经济的不断发展与乡镇企业的不断兴起，农民不断从长时期困守的土地上解放出来，从根本上改变了国有经济一统天下的局面，以排头兵和生力军的作用开启了中国特色工业化道路。作为靠辛勤劳动最先好起来、收入最先多起来的"万元户"，都是来自最落后地区的农村、最贫穷群体的农民，他们成为当时改革的最大受益主体，为中国的改革开放与现代化进程奠定了不可逆转的社会基础。作为现代化标志性的突破是允许农民进城[2]，从而打开了隔离城乡流动的闸门，越来越多的农民进入城市，开启了中国城镇化的进程，实现了超越中国千年传统农业文明向现代化的历史转轨。

不可否认，小岗村改革破解了全球人口大国现代化的时代难题。作为全球人口特大型国家，既要以占世界9%的土地养活占全世界20%的人口，又要以40年的时间走过西方发达国家几百年走过的现代化历程。如果不解决吃饭的问题，所有的改革、所有的主义都无从谈起。全力养活自己就必然要求大多数人去从事农业，就是劳动密集型生产，工业化和城镇化就不可能快速推进，就不能使社会财富快速增长，就无法摆脱贫穷落后的状况，始终处于落后国家的行列。如果以牺牲农业来成就工业化和城镇化，即使能够避免拉美化的陷阱[3]，可谁能养活十多亿人口的中国？

谁能想到，曾经每年秋收后几乎家家外出讨饭的小岗村，大包干后的第一年粮食总产量达十几万斤，相当于1955年至1970年粮食产量的总和；人均收入350元，为1978年的18倍[4]。谁能想到，相比

---

① 陈文胜.中央一号文件的"三农"政策变迁与未来趋向.农村经济,2017(8).

② 中共中央 国务院关于进一步活跃农村经济的十项政策.人民日报,1985-03-25.

③ 陈文胜.论中国乡村变迁.北京:社会科学文献出版社,2021:168.

④ 小岗村:开启农村改革大幕.人民日报,2018-10-15(1).

改革前，改革后在人口增加 44.4％、可耕地面积每年减少的 450 万亩的情况下①，我国由不到 10 亿人口连数量都无法满足的食品短缺饥饿时代，发展到现在 14 亿人口却农产品过剩，不仅要"舌尖上的安全"还要"舌尖上的美味"的时代，中国的农业从来没有今天这样高水平的生产能力。尽管中国现在是全球最大的粮食进口国，但根据国家粮食和物资储备局公布的 2019 年数据，主要是进口大豆，接近粮食总进口量的 80％，大米和小麦全年进口量仅占当年产量的 1.8％和 2.3％，自给率均在 95％以上；其中大米从 2016 年的进口数量逐年下降，到 2019 年同比下降 53 万吨②。根据商务部发布的数据，中国口粮年均消费量为 2 亿多吨，2019 年小麦、玉米、大米三大主粮库存结余 2.8 亿吨，库存量可以确保全国一年的消费。③

不可否认，尊重农民主体地位是推进农村改革的基本经验。当时的体制没有办法解决中国人的吃饭问题，只能尊重基层探索、尊重农民首创，从包产到组再到包产到户，由农民和基层先行先试再总结推广。这种自下而上的改革模式被邓小平称之为"摸着石头过河"，其中最基本的经验就是大胆地下放权力，尊重价值规律，尊重农民首创精神，按照经济规律办事，不断给予农民更多的生产自主权，让农民成为生产主体，"自己杀出一条血路来"。小岗村改革作为"应当相信大多数群众，不要硬要群众只能这样不能那样"的中国农民自发行动，尽管当时有过激烈的争论，但由于邓小平的力排众议和大力支持，把选择权交给农民，由农民自己决定而不是代替农民选择，使小岗村的星星之火迅速燎原全国④。

邓小平感叹，"给农民自主权，给基层自主权，这样一下子就把

① 近14亿人的口腹之欲，是如何被满足的? 中国新闻网［2019-05-12］，http://www.chinanews.com/gn/2019/05-12/8834424.shtml.

② 刘慧.我国粮食供应能应对各种考验.经济日报，2020-04-09(4).

③ 赵晓娜.消费者无须囤积粮食.南方日报，2020-04-03.

④ 陈文胜.农业大国的中国特色社会主义现代化之路.求索，2019(4).

农民的积极性调动起来了，把基层的积极性调动起来了"，"农村改革
见效非常快，这是我们原来没有预想到的"①。正是尊重农民的首创
精神，把权力下放给基层和人民，"在农村就是下放给农民，这就是
最大的民主"②，推动了农村改革的一次又一次变革，成为改革的
"原动力"。无论是安徽小岗村的"大包干"，还是广西合寨村的"村
委会"选举，或是华西村的乡镇企业，因在备受争议中得到以邓小平
为核心的党中央肯定与鼓励而不断完善并走向全国，由此形成了鼓励
改革、激励改革、宽容改革的时代精神③，给基层与农民的首创实践
提供了广阔的空间和舞台，因而凝聚着全社会的改革共识和发展
力量④。

四、推进社会主义制度创新的时代标本

对于一个农民长期占人口绝大多数的古老农业大国，如何接受产
生于西欧工业化国家的马克思主义，如何进行社会主义的现代化建
设，对于新中国成立后的中国共产党人来说，是一个全新的命题。新
中国成立初期有一个口号是，"苏联的今天就是我们的明天，苏联就
是我们学习的榜样"⑤。"苏联模式"作为社会主义制度的范式，无疑
深刻影响着中国社会主义的发展进程。因此，新中国成立以来的社会
主义建设，就认为集体化和人民公社是必然的方式。这种高度集中的
计划经济体制，依靠全国人民"勒紧裤带"搞建设的办法，虽发挥了
社会主义国家集中力量办大事的优势，但农民的生活水平长期得不到
改善。邓小平认为，搞平均主义，吃"大锅饭"，实际上是共同落后，

---

①　邓小平文选(第3卷).北京:人民出版社,1993:238.

②　邓小平文选(第3卷).北京:人民出版社,1993:252.

③　陈文胜.农业大国的中国特色社会主义现代化之路.求索,2019(4).

④　陈文胜.论中国乡村变迁.北京:社会科学文献出版社,2021:44.

⑤　周文.中国奇迹背后的密码——来自中国改革开放40年的经验与总结.东北财经大学
学报,2018(4).

共同贫穷①，农业效率低下到了让农民难以生存的地步。在社会生产力还十分落后的情况下，"必须实行按劳分配，必须把国家、集体和个人利益结合起来，才能调动积极性，才能发展社会主义的生产"②。小岗村的"大包干"改革将农民从束缚中解放出来，赋予生产经营主体以自主权，从而解放了生产力中的人这个最为重要的决定因素，最大限度地激发了人的创造性，由此出发推进了全球人口大国的现代化进程，与"苏联解体"作为人类史上最为瞩目的兴衰悲歌的事件相对应，小岗村改革就成为中国改革开放这一人类史上最伟大创新的时代标本。

小岗村改革的制度创新是什么？由于既经历了"一大二公"的集体化道路的探索，其经验与教训成为今天的宝贵财富；又目睹了资本主义国家私有制的发展历程，其成就与缺陷可作为借鉴。从而就能够充分发挥集体所有制和个人所有制这两种所有制的优势，又避免了各自的局限，实现对人类史上两种所有制的超越。这不是对两种所有制的重复，而是集中了这两种所有制的优势，成为一种崭新的所有制形式，无疑爆发了前所未有的力量。

不能混淆，改革前传统农村集体经济和改革后新型农村集体经济的本质区别。面对小岗村的改革，有人质问，为什么小岗村过去是包干到户，现在却在大力发展集体经济重走集体经济道路？毫无疑问，改革前的传统农村集体经济是计划经济时代的产物，农民没有自由择业的权利而终生守望土地，农民没有出售自己产品的权利而由政府统收统购，集体所有权以集体为主体单位，具有地域性和排他性。改革后的新型农村集体经济，是社会主义市场经济时代的产物，农民有自由择业的权利特别是有进入城市的权利，农民有出售自己产品的权利，在新农村建设以后又获得了国家财政开始向农村投入的权利，在

---

① 邓小平文选(第3卷).北京:人民出版社,1993:155.
② 邓小平文选(第2卷).北京:人民出版社,1994:351.

保持集体产权不变的前提下分离出承包经营权，进一步改革又分离出所有权、承包权、经营权"三权"分置，实质上就是以集体所有制为主体，以个人所有的、股份的、合作的等多种形式为有机构成，成为在市场经济条件下集体所有制的有效实现形式。因此，新型农村集体经济决定着资源要素有机构成的多元性，决定着集体所有制的有效实现形式是多种所有共同合作的混合经济，从而赋予了新的时代内容。这就既发挥了集体所有制为主体对发展方向的掌控作用和对市场经济的稳定作用，又激发了个人、股份、合作等多种所有的发展活力，极大地调动了全社会各方面发展农业农村的积极性。

不少人都把南街村、华西村等几个村树立为集体化道路的标本，先不说两个村的巨额债务危机和可持续发展问题。从发展模式就可以发现，在市场经济的大背景下，南街村、华西村的经济结构是双层结构，上层是由集体所有制构成，下层由资本构成。因为南街村、华西村吸收了那么多的外来劳动力和资金、技术等要素，既有集体的，还有个体的，还有股份的等，就是以集体所有制为主体的多种所有制共同发展的新型农村集体经济。如南街村的村民有 3 000 多人，却有 2 万个打工的外来劳动力，华西村也是这样。有很多村集体成员外的资本参与经营和分配，实质上就已经不是传统意义上区域性、成员资格排他性的集体所有制经营形式和分配形式，而是以集体所有制为主体，多种所有共同合作、按要素分配的混合经济形式，也就是习近平总书记提出符合市场经济要求的农村集体经济运营新机制①。因此，发展农村集体经济，就要以明确什么是集体经济为前提，因为现行法律框架下的农村土地是所有权、承包权、经营权"三权"分置，以农村集体所有制的土地等资产为基础发展的经济都是集体经济，在这个问题上，要认真领会习近平总书记在党的二十大报告中再次强调的讲

---

① 习近平在2014年9月29日中央全面深化改革领导小组第五次会议上提出，建立符合市场经济要求的农村集体经济运营新机制。

话，改革必须坚持正确方向，"不走封闭僵化的老路"。无论是苏联和东欧的历史还是中国的历史都已经证明了，那种"一大二公"的形式是一条走不通的回头路，决不能开历史的倒车。

不能混淆，小岗村发展模式与华西村发展模式的本质区别。有些人认为小岗村因为搞"大包干"是"一年越过温饱线，二十年没过富裕坎"，而华西村等因为发展集体经济走上了富裕道路。小岗村和华西村，分别代表了农业和工业两种不同的类型、农业现代化与工业化两条不同的发展道路。华西村主要是发展工商业，没有多少农业，不靠种地赚钱，因而华西村发展模式是解决农业大国的工业化问题，是继"大包干"之后被邓小平称之为"异军突起"的乡镇企业标杆。华西村"冒天下之大不韪"率先办起一家小五金厂，吴仁宝把工厂周边用围墙围起来，不许外来人进入，与小岗村在"大包干"字据上按下红手印一样，也做好了坐牢的准备。后来得到了邓小平的首肯，华西村到1990年就成为中国"天下第一村"的"亿元村"。因此，华西村以排头兵的作用开启了中国农村由"温饱有余"到"富起来"的工业化道路。

小岗村主要是发展农业，制度变革所承担着的历史主要任务是解决中国人的吃饭问题。发展农业就是靠种地赚钱，而要农民靠种一亩三分地去共同富裕，无疑是在痴人说梦，这就是小岗村"一年越过温饱线，二十年没过富裕坎"的根本原因。在工业化进程中，农业效益递减与工业效率递增、农业在国民生产总值的比重不断下降不可逆转，这是工业和农业之间经济差异的历史必然产物，是现代化进程中阶段性的必然趋势。即使是全面实现了现代化的西方发达国家，农业已经成为资本高度集约化、技术高度密集型的现代产业，但效益与制造业、服务业相比是天渊之别。可以说，农业的持续发展，是现代化进程中任何国家都要应对的共同命题；农民平均年龄的不断老化，是世界农业发展的共同特点。如强大的美国农业因务农辛苦、收入低，当前就存在着"谁来种田"的问题。若华西村和小岗村一样搞农业，能富吗？难道全国农村学华西村都可以不搞农业吗？

　　小岗村代表着绝大多数的中国农业村庄，不仅是解决中国温饱问题的一个标杆，也是改革开放以来整个中国"三农"问题的缩影。毫无疑问，中国农业的利润远远低于社会的平均利润，农民的收入水平远远低于城市居民的平均水平，但中国的农业却彻底打破了"谁来养活中国"的中国崩溃论预言，中华民族也从来没有像今天这样远离饥饿的恐惧。然而，发展农业的小岗村不如发展工业的华西村富裕，发展农业的乡村不如发展工业的城市富裕，就足以说明工农城乡差别的二元体制下中国农民没有获得相应的经济待遇，也说明了中国农民作出了前所未有的贡献。

　　尽管农业在任何地方任何国家都会或迟或早地成为弱势产业，但任何时候吃饭问题永远是比财富更重要的问题。因为不论工业化、城镇化怎么发展，任何人的躯体都必须仰赖农业而维系生存，任何人的生存都必须基于农业。因此，农业作为和生命休戚与共的战略产业，与财富多少和富裕程度无关，因为无论多少钱都是不能吃的，赋予农业以追逐财富为导向的单纯经济价值功能，是"物本主义"登峰造极的结果。小岗村党委副书记马武俊说，"有的干部群众看别的村发展工业富了，很着急，也想放弃农业大搞工业，说搞农业，五年十年都富不起来。"曾任小岗村党委第一书记的沈浩定下过这样的"规矩"：村里招商引资，一要涉农，二要能带动农户。把"把中国人的饭碗牢牢端在自己手中"摆在农业农村发展头等重要位置，小岗村没有忘记"以农为本"的改革初心，始终把土地、粮食看作安身立命的根基。

　　党的二十大报告提出，"全方位夯实粮食安全根基"，"确保中国人的饭碗牢牢端在自己手中"。有着十几亿人口的全球大国一旦严重缺粮，不仅是中国的灾难，也是世界的灾难。而中国用占全球9%的耕地生产出约占世界1/4的粮食，解决了占全球20%人口的吃饭问题，这本身就是对世界粮食安全的伟大贡献。因此，小岗村太伟大了，中国农民太伟大了，中国全社会都要致敬小岗村，都要感恩农民！

第六章 | CHAPTER 6

余 论

党的二十大报告提出，"我国十四亿多人口整体迈进现代化社会，规模超过现有发达国家人口的总和，艰巨性和复杂性前所未有"。回顾改革开放的历史，中国农业发展从家庭联产承包到转变增长方式、转变发展方式，再到"三期叠加"的"新常态"和供给侧结构性改革，又到当前新发展阶段构建新发展格局，已经发生了从过去全力解决温饱到今天全面推进乡村振兴的历史转折，突出地表明了中国农业发展已经处于历史的新起点上，只有准确地把握时代更迭、社会变革、文明兴替的历史逻辑，才能正确地认识当前中国社会发展的阶段性特征，明确建设农业强国的目标和方向。

一、人类史上现代化的伟大奇迹

所谓现代化，就是以工业化为发端的整个社会变革与发展，并走向富裕和强大的过程。中国近代到现代，富民和强国是一条历史发展主线。从康有为上书变法到孙中山辛亥革命，从毛泽东超英赶美到邓小平"三步走"，无论是向苏联学习，还是向西方学习，无论是马列主义、自由主义，还是实业救国、教育救国，都是为了实现富民和强国，都是一个追赶现代化的百年诉求。

从洋务运动到民主共和的两次现代化进程，被日本发动的甲午战争和全面侵华先后打断。第三次现代化运动是新中国成立后的社会主义三大改造，使中国的现代化进入了全面推进的历史阶段，尽管由于

"大跃进"和"文革"等诸多因素，导致现代化建设严重受挫，但为后来改革开放积累了丰厚经验，奠定了坚实的工业基础。党的二十大报告指出，"在新中国成立特别是改革开放以来长期探索和实践基础上，经过十八大以来在理论和实践上的创新突破，我们党成功推进和拓展了中国式现代化。"

历史的时空坐标转换。谁也没办法否认的是，从改革开放到今天，实现了 14 亿多人由贫穷到温饱、再由温饱到全面小康的历史跨越，可以说是创造了人类史上前所未有的发展奇迹。英国用 250 年的时间完成了现代化，美国用 150 年的时间完成了现代化。中国是一个十多亿人口的大国，人口规模英国没办法比，美国也没办法比，这么大规模的人口享受到现代化的成果，超过现有发达国家人口的总和。作为占世界总人口 20% 的人口大国，中国用 30 多年的时间走完了别人用 200 多年走完的道路，从一个 30 多年前人均 GDP 全球倒数第 2 位（仅是印度人均 GDP 的 2/3）、人均收入只有非洲撒哈拉沙漠以南国家人均收入 1/3 的国家[1]，成为制造业是美国 8 倍的全球最大世界工厂、全球最大工业生产国和农产品生产国，成为世界第二大经济体，人类史上还没有发生过这样壮观的历史事件，这是中国历史上的千年大变局[2]。

这样一个人类史上的经济发展奇迹，成为全世界瞩目的焦点，成为西方现有理论都无法解释的发展之谜。如果能够解读出来，无疑可以获得诺贝尔经济学奖，很多经济学家甚至政治学家纷纷从各个角度加以研究。

有人认为，主要是因为市场经济引爆了中国的工业革命。这个说法比较普遍。然而，中国清末和民国政府都是市场经济，菲律宾、印度、俄罗斯、东欧和拉美国家都是市场经济，有些国家经历了一百多

---

[1]　林毅夫.改革开放40年,中国经济如何创造奇迹.金融经济,2018(1):17-18.

[2]　陈文胜.中国农村改革的历史逻辑.中国乡村发现,2017(5).

年甚至两百多年的市场经济，为什么都没有引爆工业革命？

有人认为是保护私有财产的产权制度。中国在改革开放后确实在不断强化对个人财产的法律保护，但其实在清代就对产权实行了严格的保护，对产权的界定也是非常清晰的，为什么没有引爆中国的工业革命？在民国政府的时候，财产保护与私有化也是很地道的，仍然没有引爆工业革命。还有菲律宾、印度、拉美国家都是私有化很彻底的，为什么没有引爆工业革命？

有人认为是人口红利。中国具有人口大国的优势，但印度有人口规模、孟加拉国有人口规模、巴西有人口规模、非洲有人口规模，为什么没有崛起？

有人认为是民主之路。中国的基层民主和社会言论自由看来也是民主制度的一个体现，可以从新制度经济学框架下来探讨。但很多实现民主的国家，如俄罗斯、乌克兰、菲律宾，特别是中东国家，为什么没有实现工业革命？

有人认为，主要是得益于新中国成立后实行的计划经济和公有制发展模式。这一时期确实取得了不少成就，最突出的是建立了一个初具规模的工业体系，但效益还是比较低下。特别是像实行这种发展模式的苏联和东欧那些社会主义国家甚至走向了崩溃。苏联的工业发展水平要远高于中国，是唯一能够与美国和西方抗衡的强国，最后都解体了。中国也不得不进行全方位的改革，才有了今天的发展奇迹。说明这一条路也是走不通的路，没办法解释中国特色社会主义发展之路。

西方曾经有不少人断言中国会崩溃，而且这些中国崩溃论一直长盛不衰。因为只有那么少——占世界 9% 的耕地，却要养活那么多——占世界 20% 的人口，还要实现工业化、城镇化，实现现代化，这是一个两难选择。为什么要实行计划生育，也可能是基于这样一个理论前提。如果所有的国力、资源都集中在农业发展上，就不可能实现工业化、城镇化，就不可能实现现代化，就是贫穷的、落后的。如果牺牲农业成就工业和城市，就会陷入拉美化的陷阱，步苏联的后尘，社会矛盾的最终爆发无疑会给政权带来灭顶之灾。苏联、东欧社会主义国家都被他们预言对了，可为什么中国出乎他们的意料之外？原外交部长李肇星曾经在飞机上当面请教前苏联总统戈尔巴乔夫，为什么那么大的苏联，那么强的社会主义大国，在短短的几年内就解体了，主要原因是什么？戈尔巴乔夫回答说：我们那里没有邓小平①。

难道只有合作化的集体劳动才能体现社会主义的优点？而个体生产就是自私自利？能体现社会主义的优点的是发展模式还是人民生活改善、国家富裕强大？邓小平推进的改革之所以从农村开始，我觉得并非基于什么理论前提，因为无论什么主义，都要解决一个最基本的问题，就是全中国人需要吃饱肚子，需要免于饥饿。这无疑是一个历史的必然选择，也是一个常识性的问题。也就是习近平总书记提出的"人民对美好生活的向往，就是我们的奋斗目标"②。

所以，推进农村改革不仅仅只是为了追赶现代化、实现现代化，而是为了首先解决温饱问题、解决贫穷问题。所以，邓小平提出了贫穷不是社会主义这个常识性判断。1978年有2亿多农民没有解决温饱问题，人均粮食产量从1958年的303公斤到1978年的316.6公斤③，农业生产的经济效益不断下降。在很长时期内，农民是人口的主体，农业是整个国民经济的基础，农业、农村和农民的状况如何，决定着国民经济和社会的发展状况。"农民没有摆脱贫困，就是我国没有摆脱贫困"，"中国人口的百分之八十在农村，如果不解决这百分之八十人口的生活问题，社会就不会是安定的"④。可以说，邓小平

---

① 李肇星.说不尽的外交.北京:中信出版社,2014.
② 中共中央文献研究室.十八大以来重要文献选编(上).北京:中央文献出版社,2014:70.
③ 何沁.中华人民共和国史.北京:高等教育出版社,2009.
④ 邓小平文选(第3卷).北京:人民出版社,1993:237.

这些判断都是常识性判断，但在教条主义、本本主义盛行的年代，做出这样的判断需要极大的决心和勇气。

20世纪70年代前，"告别饥饿""告别短缺"成为这一时期最主要的奋斗目标，对饥饿的恐惧是这一代人最难以忘记的集体记忆。民以食为天，一些农村基层干部开始怀疑"集体化"的合理性。在这里，不能不提到大包干的"第一个吃螃蟹者"安徽凤阳县小岗村，现在有些人质问被誉为"中国农村改革第一村"的小岗村为什么没有富起来，但谁能否认，就是小岗村的农民为生存而在"大包干"字据上按下的红手印，拉开了中国农村改革的序幕，成为中国农民从此告别饥饿历史的宣言书。全球人口大国如果不解决吃饭的问题，所有的改革、所有的主义都无从谈起。

改革让中国最贫穷的农民、最落后的农村发展起来了。首先富起来的群体万元户，他们作为那个时代的风云人物很多是来自农村的农民。前不久有媒体报道，当时的一万元相当于现在的225万元。能够让农民获得如此大的改革红利，在中国历史上是前所未有的，在世界历史上也是前所未有的。我1992年参加工作就在乡政府，当时农民稻谷卖到83元一百斤。以那时的物价水平83元一百斤是个什么样的价格。因此，还有什么比市场价格更能够增加农民收入、提高农业效益的？

由于是在食品短缺时代推进改革，那时候农民种什么都能够在市场上卖出，农村经济极度繁荣，所以农民最怀念刚刚改革开放的时期。《在希望的田野上》等流行曲歌唱着那个激情澎湃、昂扬向上的时代旋律。只要有劳动能力和愿意付出劳动的农民，就可以衣食无忧地生活。那时的农村改革，激发了农村前所未有的活力，不仅使中国以9%的耕地养活了约占全世界20%的人口，成功地解决了全中国人的温饱问题，而且使5亿多人摆脱了贫困，提前达到联合国千年发展目标，创造了世界减贫史上的历史奇迹。

从世界工业革命的历史来看，现代化国家的第一次工业革命都是基于乡村商品经济发展和农产品市场化开始的。英国工业革命前，是用国家力量推进乡村经济繁荣，用军队拓展海外市场，建立了世界上规模最大的纺织品产业和遍布全球的纺织品市场，从而引爆了英国第一次工业革命，开辟和创造了国内外统一大市场。在政府财政主导下的煤炭、蒸汽机、铁路技术变革，在1900年左右完成了第二次工业革命。

美国也同样是从推进乡村商品经济发展和农产品市场化开始的。以英国为主的欧洲移民，把英国的农村商品化生产、手工业技术带到了美国，首先是纺织业实现了第一次工业革命。从1820年左右到第二次工业革命高潮之后的1920年，美国仍然有50%比例的农村人口，此后才开始具备经济与技术条件推进农业机械化。

这说明了什么？无论是英国、美国还是中国，都是繁荣乡村经济启动工业化和城镇化，才具备了农业现代化的条件和资格，也就是具备了对传统农业进行历史性变革的条件和资格。而且"四化"（工业化、信息化、城镇化、农业现代化）都不是同步发展的，尤其是传统农业的革命性变革都是在工业革命之后实现的，因为没有工业革命的物质条件就不可能有现代化的装备来武装农业。

二、超越两种所有制的制度创新

中国发展奇迹的秘诀是什么？曹锦清教授在与我对话中的两个观点可以作为独特原因加以参考。一是中国农民所独具的种植业、养殖业、手工业"三业合一"的乡村经济。在中国，基本上每个家庭都是手工企业，形成了独特的经济社会形态，没有哪个民族像中国农民这样能够对市场做出灵敏迅速的反应，使得中国人天生就具备市场化、工业化、城市化的适应能力，能够快速地适应工业社会的时间节奏和劳动节奏。因此，40多年改革开放的巨大成功首先是农民的成功。二是改革开放后在秦始皇统一文字的基础上实现了中国语言的统一。改革开放以来，大规模的人口流动使普通话作为统一的语言，说着无法统计的不同地方方言的 14 亿人中有 12 亿人的普通话逐渐接近统一，使因语言、宗教的不同而产生的摩擦不断减少，形成了都说普通话的国内统一大市场，形成了中华民族前所未有的大一统，这无疑是世界历史最伟大的事件，是改革开放的历史贡献。我们可以进行比较分析，欧盟大市场有 27 个成员国、5 亿多人口却使用 30 多种语言，不同国家和不同语言总是会引起冲突，就自然难以与中国这样的统一大市场相比。不仅是欧盟，全世界都再也无法形成中国这样一个政府、一种语言的大市场，这就是为什么中国在应对国际市场竞争和历次世界经济危机中能够稳如泰山的根本原因。不仅有可以与任何世界经济体的大市场相抗衡的力量；而且可以为愿意与中国合作的国家提供巨大的发展机遇。当年西方国家的工业革命要坚船利炮去开拓市场，在经济全球化背景下，中国的特大市场就是支撑工业革命的战略实力与内生动力。尤其是在信息化和人工智能时代，统一的语言对区域发展的一体化、城乡发展的一体化发挥着加速器的作用。

　　中国发展奇迹的秘诀，最核心的就是制度创新。邓小平推进的中国改革，实质上就是以公有制为主体，以个人所有制为有机构成，探索在市场经济条件下，公有制、集体所有制的有效实现形式。市场机制对资源要素的优化配置，既有公有的、集体所有的，还有个人所有的、股份的、合作的等多种形式，决定着资源要素有机构成的多元性，决定着公有制、集体所有制的有效实现形式是多种所有制共同合作的混合经济，从而赋予了新的时代内容。既发挥了公有制为主体对发展方向的掌控作用和对市场经济的稳定作用，成为中国现代化进程中的压舱石；又激发了个人、股份、合作等多种所有的共同合作和发展活力，极大地调动了全社会各个方面的积极性[1]，成为启动中国现代化进程的点火石。

　　由于既经历了公有制的探索，又目睹了资本主义国家私有制的发

---

① 陈文胜.农业大国的中国特色社会主义现代化之路.求索,2019(4).

展历程，在改革的进程中对公有制的改革就没有像苏联那样全面否定，学习西方的制度也没有像苏联那样全面照搬，从而发挥了公有制（包括集体所有制）和个人所有制这两种所有制的优势，又避免了各自的局限，在对立统一中实现了对人类史上两种所有制的超越。这不是对两种所有制的重复和混合，而是集中了这两种所有制的优势，成为前所未有的一种崭新制度，爆发了前所未有的力量。所以，党的十八届三中全会决定，"公有制为主体、多种所有制经济共同发展的基本经济制度，是中国特色社会主义制度的重要支柱，也是社会主义市场经济的根基"，混合所有制经济是基本经济制度的重要实现形式，"允许更多国有经济和其他所有制经济发展成为混合所有制经济"①。

当前世界上其他国家包括西方国家也在发展公有成分的混合所有制，如股份制等，可以说混合所有制是世界经济发展的大趋势。按照马克思主义的理论，生产力的社会本性要求生产、占有和交换的方式必须适应生产资料的社会本性，劳动者个人的社会联合所有是社会化大生产的必然要求和客观规律，从而使单个的劳动者同其他劳动者联合起来作为一个整体同生产资料发生关系，每个个人成为全部生产资料的总所有者。马克思在《资本论》中称资本主义股份制是对于传统私有制的一种"消极扬弃"，而劳动者联合体则是对于私有制的一种"积极的扬弃"。西方资本主义发达国家的混合所有制是以私有制为主体的多种所有制的构成，是一种被动地适应社会发展规律的"消极扬弃"，而中国改革后的混合所有制，是以公有制为主体的多种所有制的构成，是一种主动地适应社会发展规律的"积极的扬弃"。

回顾新中国成立前的历史，几千年来的封建社会也不是纯粹的私有制，不仅有私田，也有公田（包括宗族的公田），而且所有的土地都属于国家，叫"普天之下莫非王土，率土之滨莫非王臣"，这个私

---

① 中共中央关于全面深化改革若干重大问题的决定.人民日报,2013-11-16.

有制跟西方的私有制有明显的差别。

现在很多人都把南街村、华西村等几个村树立为集体化道路的标本。我觉得，不要急于贴上一个什么符号。南街村、华西村等村的发展模式，毫无疑问必须置放于中国现代化的伟大实践之中，不过是中国改革开放这个历史洪流中的几朵小小浪花。我们可以冷静地分析，南街村、华西村吸收了那么多的外来劳动力和资金、技术等要素，南街村的村民只有 3 000 多人，却有 2 万个打工的外来劳动力。华西村也是这样。有很多集体成员外的资本参与经营和分配，这就不是纯粹的集体所有制的经营形式和分配形式，而是以集体所有制为主体，多种所有共同合作、按要素分配的混合经济形式。

中国改革开放作为人类史上最壮丽的实践，对全球人口大国的现代化道路进行了最伟大的创新，实际上是对洋务运动积弱积贫时代以来，对"中国为什么不行"这个持续一百多年的问题的颠覆。因为在一百多年的现代化诉求中，无论是自由主义还是马克思主义，无论是赶英超美还是"三步走"战略，都是在"中国为什么不行"的发问中面向西方。今天的中国，已经实现了从站起来到富起来再到强起来的历史跨越，迫切需要用"中国共产党为什么行"这样新的时代发问讲好中国故事。而我们的理论没有聆听好时代的声音，回应好时代的实践。不仅未能讲好属于这个时代史诗般的中国故事，而且在滚滚向前的时代车轮之前，还在用过去的历史时钟对表今天的中国改革实践，去回应那些一成不变的"金科玉律"的教条。这不是用实践去验证理论，反而要求理论去验证实践，是逆历史潮流而动。

改革开放前 30 年对公有制的不断探索，前所未有地加快了生产资料的社会化，特别是大幅提高了小农经济条件下农民的合作能力，为个人所有的社会联合、多种所有的共同合作奠定了社会基础，为改革形成以公有制为主体多种所有制的有机构成奠定了经济基础，特别是建立独立自主的国家，让提供公共产品的政府成为有为的"有形之手"，有力地保障了改革开放后市场有效的"无形之手"。毫无疑问，后 30 年是前 30 年历史发展的必然要求，是对前 30 年的继承和发展。曹锦清认为，改革就是不打破"旧瓶"，用"旧瓶"装"新酒"。凡是打破"旧瓶"的国家，如苏联改革把"旧瓶"打破，"新瓶装新酒"，引发的社会裂变和政治动荡都呈现在世人眼前，作为人类史上最为瞩目的兴衰悲歌，与中国改革开放这一人类史上最壮观的事件相对应。

当前对改革开放的争论很多，由于这是前无古人的伟大探索，在改革开放的过程中必然存在这样或那样的问题，而且这些问题的根本原因并非改革开放造成的，而恰恰是说明改革开放需要进一步深化，但在社会上却成为一些人否定改革开放的理由，成为要重走"一大二公"老路的理由。尽管王安石提出了"天变不足畏，祖宗不足法，人言不足恤"的经典改革名言，而属于司马光首创的"祖宗之法不可变"，则成为中国历代反对改革的一个极具杀伤力的"理论武器"。因为在宗法的古代社会，对祖宗不敬是大逆不道。重走"一大二公"老路的理论依据就是马克思主义经典作家的一些具体语录，并据之为"祖宗之法不可变"。实际上，这是对开放和不断发展的马克思主义的教条化、本本化。习近平总书记早就强调过，"如果不顾历史条件和现实情况变化，拘泥于马克思主义经典作家在特定历史条件下、针对具体情况作出的某些个别论断和具体行动纲领，我们就会因为思想脱离实际而不能顺利前进，甚至发生失误。"[1]

回顾党的历史就会看到，在国际共产主义运动中，中国共产党内曾长期盛行把马克思主义教条化、把共产国际决议和苏联经验神圣化的错误倾向，中国革命因此几乎陷于绝境。毛泽东思想是在同这种错误倾向作斗争的过程中逐步形成和发展起来的。邓小平对马克思主义中国化的一个主要贡献就是，强调首先要解放思想，实事求是，既坚决反对教条主义地对待马克思主义、毛泽东思想，又坚决反对照抄照

---

[1] 习近平.在哲学社会科学工作座谈会上的讲话.人民日报,2016-05-19.

搬别国经验、别国模式，才走出了一条中国改革开放的好路，走出了一条中国特色社会主义新路。

改革开放的历史逻辑就是，通过"旧瓶放新酒"赋予新的时代内容，也就是与时俱进。所以，习近平总书记在党的二十大报告中再次强调，中国的改革是在中国特色社会主义道路上不断前进的改革，"既不走封闭僵化的老路，也不走改旗易帜的邪路"。没有一成不变的概念，中国正处于千年大变局时代，不适应时代的变化，个人就会被时代所淘汰，国家和民族就将失去千年难得的机遇。变则通，通则达。世界上的万事万物无时无刻不在变化和运动，变化和运动的变革，是推动人类社会进步的动力。在今天这样一个快速、多变和危机的时代，就要把跑鞋挂在脖子上，时刻准备穿上它，在千变万化的世界里奔跑追寻。如果不变革，就必然会被时代所淘汰。

三、工农城乡关系演进的新趋势

城市与农村的关系，贯穿中国工业化和城镇化的始终。在历史上，中国共产党围绕城市与农村进行了多次工作重心转移，不仅对中国革命和现代化建设产生了深远影响，而且对城市与农村关系产生了深远影响。第一次是1927年大革命失败后，工作重心由城市向农村转移，为中国革命开辟了农村包围城市的道路。第二次是1949年解放战争即将胜利，在西柏坡召开的七届二中全会决定，必须取得"农业和手工业逐步地向着现代化发展的可能性"[①]，工作重心从农村转向城市，要推动中国从农业国转为工业国。新中国成立之初，当时确立的大政方针是以赶美超英为目标，发展重工业为战略，毫无疑问，工业发展亟需的积累就必然是来自农业、农村、农民了。

在农村经历了1950年的土地改革后，国家把粮食增长作为长期政治目标。如何实现粮食的大幅度增长、农业积累的大幅度提高？希

---

① 毛泽东选集(第4卷).北京:人民出版社,1991:1430.

望通过合作化来形成新的分工，以大幅度提高农业生产效率，使粮食能够增长几倍、十几倍，让农民可以多吃一点，让国家可以多拿一点，从而在 1956 年推行农业生产合作社、在 1958 年推行人民公社等生产关系的重大变革，但通过合作化大量增长粮食产量这个希望基本落空了，温饱问题长期不能解决，还导致一定范围的饥荒悲剧发生。

全国在土地改革完成后免除了农民每年向地主交纳的约 700 亿斤粮食的地租，而据国家统计局资料，在 1953 年 7 月 1 日到 1954 年 6 月 30 日的粮食年度内，国家计划收购粮食 709 亿斤，实际粮食收购 784.5 亿斤，超过计划 75.5 亿斤，比上年度增加 177.9 亿斤。1954 年至 1955 年的粮食年度内，国家粮食收购 891 亿斤，比上年度增加 106.5 亿斤。在 1952 年粮食总产量是 3 278 亿斤，即便全部由乡村人口消费，也不过是人均 651 斤的低消费水平①。而站在国家工业发展和城市发展立场，采取统购统销政策，使工业和城市的发展能够从农村获得足够数量的粮食和农业积累。在统购统销实行的几十年间，通过对农产品实行价格"剪刀差"来补贴城市和工业。尽管在 1979 年提高了农产品收购价格，但政府卖给城镇居民的价格低于收购价，差额却由国家财政给予补贴。1991 年的粮食价格补贴就高达 400 多亿元，其中平均每个市民补贴 130～150 元，可以买到 200 斤大米②。

因此，中国的城乡矛盾由来已久，既有历史因素的累积，又是现实因素使然。自洋务运动到新中国成立前，城乡二元结构的雏形就已形成；20 世纪 50 年代开始实行的计划经济，使城乡二元结构制度固化；改革开放后，汲取农业剩余来搞工业化、城镇化建设这个过程一

---

① 中共中央党史研究室. 中国共产党历史　第二卷（1949—1978）：上册. 北京中央党史出版社，2011.

② 杨继绳. 邓小平时代：中国改革开放二十年纪实. 北京：中央编译出版社，1998：398.

直没有结束①。

这个时期最重要的贡献是为后来的工业化提供了前期积累，城乡最穷困的居民阶层能够得到最低水平的救济。由于重工业的畸形发展，城乡二元结构的形成，导致城乡差距拉大，虽然有几十年经济高速增长，但广大农民生活福利改善很小，却承担了难以承受的负担。特别是实行城乡分治，全面建立了城乡之间的两种不同户籍制度、资源配置制度和城市领导农村、工业支配农业的二元结构体制，城乡要素封闭独立运行，形成了从农村、农业提取剩余来满足工业化、城镇化的制度安排，不仅要以农养政府，还要以农补工业、以农补城市，使农村、农民长期处于贫困状态，农村率先改革，引发和推动中国当代改革开放进程无疑具有历史的必然性。

第三次是 1978 年党的十一届三中全会召开，提出将全党的工作重心转移到社会主义现代化建设上来。由于首先推进的是以家庭联产承包责任制为中心的农村改革，可以认为全党工作的重心是从城市转向农村。从 1982 年开始，党中央、国务院连续下发了 5 个 "三农" 一号文件：1982 年一号文件正式承认包产到户的合法性，1983 年一号文件主要是放活农村工商业，1984 年一号文件主要是疏通流通渠道以竞争促发展，1985 年一号文件主要是调整产业结构和取消统购统销，1986 年一号文件主要是增加农业投入和调整工农城乡关系。

从 1978 年到 1998 年，是整个中国农村经济繁荣的时期。到 1984 年基本上实现了家庭联产承包责任制，完成了农村改革第一步。从 1985 年开始，重点是发展农村的商品经济，改变农村的产业结构，推进农村改革第二步。从此，农业生产不断专业化、商品化、社会化，从专业户蓬勃而出，到 "洗脚上田" 办企业，到乡镇企业异军突起，由单一公有制经济向以公有制经济为主体的多种所有制经济转

---

① 陈文胜.中国农村改革的历史逻辑.中国乡村发现,2017(5).

变，个体及其他经济比重明显上升，特别是乡镇企业成为带动农村经济发展的主力军。

根据国家统计局 1999 年发布的《新中国 50 年系列分析报告》，1987 年，全国乡镇企业产值达到 4 764 亿元，占农村社会总产值的 50.4%，第一次超过农业总产值。到 1998 年乡镇企业占国内生产总值的比重达 27.9%，占全国税收总额的 20.4%，占全国工业增加值的 46.3%，为农村剩余劳动力提供了 1.25 亿多个就业岗位，建制镇发展到 1.9 万个、容纳了 1.5 亿农村居民定居①，从根本上改变了中国的二元经济结构，打破了中国几千年形成的农村、农业、农民三位一体的农村自然经济和农业社会，有力地促进了中国工业化、城镇化的进程，不同程度上弱化了城乡二元结构，极大地缓解了城乡矛盾，快速地缩小城乡差距，大幅度地提高了农民收入，使 8 亿农民成为这个时期最大的受益者。

第四次工作重心转移是 1984 年 10 月召开的党的十二届三中全会，工作重心从农村转向城市。基于农村改革的巨大成功，迫切需要推动以城市为重点的整个经济体制改革步伐。党的十二届三中全会一致通过了《中共中央关于经济体制改革的决定》，第一次明确指出，中国的社会主义经济不是计划经济，而是以公有制为基础的有计划的商品经济，这是一个历史性的战略突破，标志着改革开始由农村走向城市和整个经济领域，中国改革进入了第二阶段，即经济体制改革的全面展开阶段，也是中国工业化、城镇化全面推进阶段。随着以出口为导向、规模化和劳动密集型为特征的消费品工商业快速发展，到 1995 年中国成了全球最大的纺织品生产国和出口国，到 1998 年左右完成了某种意义上可以称之为中国"第一次工业革命"的历史任务。在此之后，电力网、公路网、铁路网、通讯、能源等建设快速推进，政府的机构和职能不断扩张，教育的规模不断扩大，启动了

①　国家统计局.新中国五十年统计资料汇编.北京:中国统计出版社,1999.

基础设施现代化建设为主要内容的中国"第二次工业革命","世界工厂"的中国制造业就是在这一阶段形成的。即使是农村的生活能源也发生了革命性的变化,电气替代了柴火和煤炭,生态环境逐步得到修复。

从 1998 年到 2003 年,是改革开放后农村发展最艰难的时期。从 1987 年到 2003 年连续 17 年中央没有发布"三农"一号文件,这是由于农村改革取得了卓越的成就,社会上普遍认为农村的问题已经解决,特别是温饱问题已经解决,发展战略重心需要农业和农村让位于工业和城市。这是中国改革的重心全面向城市和工业转移的阶段,也是社会主义市场经济不断推进和快速发展的阶段,更是工业化、城镇化不断推进和快速发展的阶段。农业作为薄利产业,而且是传统产业,必然在国民经济中所占份额逐渐下降,非农产业的高附加值和增长的快速性,使农业和农村无力抗衡工业和城市对资源要素的市场竞争。与此同时,尽管国家财政收入在不断快速攀升,但包括公共产品和公共服务等各级政府的财政投入都在县城以上,优先工业和城市的发展,农村、农业不仅没有什么投入,还要被征收各种名义的税费①。

到 1995 年前后,农业、农村、农民就开始出现了问题,到 1998 年问题日益严重,主要表现在农民负担不断加重、农村社会矛盾急剧上升、农业生产严重下降。农民抗税抗粮、集体上访和群体性事件不断发生,特大群体性事件不断出现。从 1998 年到 2003 年粮食产量连续 5 年大幅下降,粮食播种面积大幅减少,农村前所未有地出现大量抛耕现象。李昌平在 2000 年 3 月致信国务院领导,提出的"农民真苦,农村真穷,农业真危险"成为那个时代的普遍社会共识,这就是后来所谓的"三农"问题②。

第五次工作重心转移是 2002 年 11 月召开党的十六大,正式提出

---

①② 　陈文胜. 中国农村改革的历史逻辑. 中国乡村发现,2017(5).

统筹城乡经济社会发展，开启了中国城乡关系的历史性转轨。全社会终于意识到在工业化、城镇化的进程中，"三农"问题始终是中国的头等大事。特别是在对拉美化陷阱和改革开放前中国工业化探索的广泛讨论中，认识到导致这两种工业化道路困境的根本原因就是牺牲农村和农业成就城市和工业，虽然能够带来短暂的繁荣，但最终难以持续。2002 年 11 月党的十六大报告首次提出统筹城乡经济社会发展，2003 年 10 月党的十六届三中全会将"统筹城乡发展"放在"五个统筹"之首，首次提出了"建立有利于逐步改变城乡二元结构的体制"，形成了关于中国社会经济发展阶段的重大判断，开创了中国特色的工业化、城镇化和农业现代化道路的新途径。2004 年中央一号文件以促进农民增收为主题推出一系列惠农政策，首次对农村、农业、农民提出"多予、少取、放活"的方针[1]，是此后含金量最高、政策效应最好、措施执行最有力的一号文件之一。中国城市与农村、工业与农业关系进入历史的拐点[2]。

　　进一步推进城乡关系实现"工业反哺农业、城市支持农村"的历史变革，是 2004 年 9 月党的十六届四中全会，胡锦涛同志提出了"两个趋向"的重大历史论断。这个关于城乡关系的重大判断认为，"在工业化初始阶段，农业支持工业、为工业提供积累是带有普遍性的趋向；在工业化达到相当程度后，工业反哺农业、城市支持农村，实现工业与农业、城市与农村协调发展，也是带有普遍性的趋向"[3]。这是关于中国特色社会主义现代化的重大理论创新，提出了中国工业化、城镇化两步走的战略步骤，把农业发展放在整个国民经济的大格局中，把农村发展放到整个现代化建设的大格局中，把农民增收放在国民收入分配和再分配的大格局中，是对工业化、城市化发展到一定阶段工农关系、城乡关系必然要求的深刻认识和准确把握，从战略的

---

①　中共中央,国务院.关于促进农民增加收入若干政策的意见.国务院公报,2004(9).

②　陈文胜.中国农村改革的历史逻辑.中国乡村发现,2017(5).

③　十六大以来重要文献选编(中),北京:中央文献出版社,2006:311.

高度提出了解决中国"三农"问题的指导思想，是新时期破解城乡二元难题的根本途径[①]。

2004年12月的中央经济工作会议又进一步提出中国现在总体上已经到了以工促农、以城带乡的发展阶段，必须合理调整国民收入分配格局，实行工业反哺农业、城市支持农村的方针。从2004年起到2006年为止，全国各省先后在两年内全部取消了农业税，终结了中国历史上存在了2 000多年的"皇粮国税"，从而破解了中国几千年历史未能解决的最大"三农"问题——农业税赋问题，成为中国农业发展史上的伟大里程碑。这是中国城乡关系的一个历史性变动，其中的重大意义之一就是宣告自洋务运动以来的以农养政、以农补工、以乡补城的历史正式终结，中国的现代化已经完全不需要农业的积累了。其中的重大意义之二就是随着工业化、城镇化快速发展，工业和城市的积累不断扩大，标志着中国的经济社会发展开始进入工业反哺农业、城市支持农村、财政补贴农民的新时期[②]。

把城乡关系推向又一个历史新方位，是2007年召开的党的十七大，在党的文献中首次提出"城乡经济社会一体化"[③]。党的十七大报告提出要在2020年形成城乡经济社会一体化新格局，特别是在"十二五"规划中将城乡经济社会一体化列为国家发展的重大战略。2008年的党的十七届三中全会对农村改革发展作出战略部署，把实现城乡基本公共服务均等化作为统筹城乡发展、推进城乡一体化的重要任务，把"扩大公共财政覆盖农村范围，发展农村公共事业，使广大农民学有所教、劳有所得、病有所医、老有所养、住有所居"作为根本措施。在这一阶段，城乡一体化是从公共财政和基础设施建设的角度来推进的[④]。

党的十六大以后，为确保"三农"工作在中国社会主义现代化时

---

①② 陈文胜.中国农村改革的历史逻辑.中国乡村发现,2017(5).
③ 胡锦涛.在中国共产党第十七次全国代表大会上的报告.求是,2007(21).
④ 陈文胜.中国农村改革的历史逻辑.中国乡村发现,2017(5).

期"重中之重"的战略地位，连续下发"三农"一号文件，突出以农村繁荣、农民增收、农业增效为主线，以缩小城乡差距为重点，围绕着"三农"问题出台了农业税免征、粮食保护收购价、粮食补贴、农机补贴，医保、低保、九年免费义务教育、乡村公路建设、农电改造、危房改造、农村信息化等一系列强农惠农富农政策，不断加大对"三农"的财政投入，其中 2008 年就达 6 000 亿元，年增 38%，给农民带来"真金白银"的实惠，是我国农业农村发展最快、农民得实惠最多的时期之一。而且这期间，中国国民经济从 2004 年到 2007 年连续 4 年以 10.0% 以上的速度增长，实现了国民经济和农业发展双赢的局面①。2007 年中国取代德国成为全球第三大经济体，2010 年中国取代日本成为全球第二大经济体，基本上完成了可以称之为中国"第二次工业革命"的历史任务。随着计算机的诞生，2000 年左右开始在中国不断普及，带来了互联网与数字化技术的高速发展，到 2011 年互联网用户就已突破 5 亿，互联网普及率接近 40%②，推动了中国以计算机技术和微电子技术为标志的"第三次工业革命"。

在这一时期，随着工业化、城镇化的进程加快，中国进入了城乡加快融合阶段。但由于城乡二元结构没有得到根本改变，导致城乡资源流动不顺畅和流向不合理、城乡生产要素交换不平等、城乡公共资源配置不均衡、城乡基本公共服务不均等、农村发展严重滞后于城镇，城乡差距不断拉大的趋势没有得到根本扭转③，其中强征强拆成为"城市支持农村"中非常突出的问题之一，造成十分尖锐的城乡矛盾。由于农村土地变成资产，成了工业化、城镇化进程中财富的源泉。在土地增值的过程中，一方面是实行计划体制和运用行政手段向农民征收土地，另一方面是实行市场体制和运用价值手段开发土地，

---

①③　陈文胜.中国农村改革的历史逻辑.中国乡村发现,2017(5).
②　中国互联网用户已突破5亿普及率接近40%.瞭望2011(40).

这样的双轨制形成了独具中国特色的土地财政和快速发展的房地产业，成为中国快速工业化、城镇化的重要支撑。在市场经济条件下，农村最重要的稀缺资源就是土地，核心是增值的分配，而政府主导的双轨制造成大部分土地增值流向政府、工业和城市，其实质仍然是以农养政、以农补工、以乡补城，只是从征收农业赋税到占有农村土地增值的转变①。根据有关统计数据，2011 年的农村居民人均纯收入只相当于城镇居民人均可支配收入的 32%，农村年人均纯收入低于 2 300 元的扶贫对象高达 12 238 万人②。因此，有学者认为，从中国城乡发展来看，西方经典的发展经济学理论并没有得到验证，即使农村剩余劳动力消失，刘易斯拐点出现，中国城乡差距仍保持较高水平。

另一个在"工业反哺农业"中非常突出的问题，就是农民进城打工成了独具中国特色的"农民工"。由于中国城镇化是一个城乡割裂的进程，农民工不是以公民属性的劳动权方式而是以商品属性的劳动力方式进入到工业化、城镇化的过程中，损害了公民法定生存权与发展权的统一。在市场经济条件下无法获得劳动者的社会保障和公共服务等方面国民待遇，与城镇劳动者存在着社保、医保、收入、教育、就业等公共资源配置上的"剪刀差"③，是城乡二元结构导致城乡不平等关系以新的形式的出现。到 2011 年，有 1 亿多进城务工的农民工，由于户籍限制无法在城市安家落户，难以与城镇职工同工同酬，不能真正融入城市，长期游离在城乡之间，合法权益不能得到充分保护。

第六次工作重心转移是 2013 年 11 月召开党的十八届三中全会，把广大的农村地区作为脱贫攻坚、全面建成小康社会的主战场。习近平总书记在会上明确提出，"城乡发展不平衡不协调，是我国经济社

---

① 陈文胜.论城镇化进程中的村庄发展.中国农村观察,2014(3).
② 新思想·新观点·新举措.北京:红旗出版社,2012.
③ 陈文胜.中国农村改革的历史逻辑.中国乡村发现,2017(5).

会发展存在的突出矛盾，是全面建成小康社会、加快推进社会主义现代化必须解决的重大问题。"城乡二元结构是制约城乡发展一体化的主要障碍，必须以建立城乡融合的体制机制为着力点，赋予农民更多财产权利，推进城乡要素平等交换和公共资源均衡配置，形成"以工促农、以城带乡、工农互惠、城乡一体的新型工农城乡关系"，让广大农民平等参与现代化进程、共同分享现代化成果①。从而在制度上、政策上纠正了一些过去城市化的偏差，提出了新的思路，深刻地阐述了"人的城镇化"已经成为中国现代化的必然要求，农业、农村的现代化和农民的市民化成为城镇化的核心。

　　党的十八大以来，习近平总书记反复强调"中国要强，农业必须强；中国要美，农村必须美；中国要富，农民必须富"，用"小康不小康，关键看老乡"的全新判断来突出农业、农村、农民在全面建成小康社会中的中心地位，把农业能不能实现现代化、农村和农民能不能实现小康作为评判全面建成小康社会的根本标准，把农村、农民脱贫摆到治国理政的重要位置，纳入"五位一体"总体布局和"四个全面"战略布局进行决策部署②。习近平总书记提出，要将工业与农业、城市与乡村、城镇居民与农村居民作为一个整体纳入到全面建成小康社会的全过程中，逐步实现城乡居民基本权益平等化、城乡公共服务均等化、城乡居民收入均衡化、城乡要素配置合理化，以及城乡产业发展融合化。2018年中央一号文件提出，"推动新型工业化、信息化、城镇化、农业现代化同步发展，加快形成工农互促、城乡互补、全面融合、共同繁荣的新型工农城乡关系"，并明确了实施乡村振兴战略的路线图、时间表、任务书：到2020年乡村振兴取得重要进展，制度框架和政策体系基本形成；到2035年乡村振兴取得决定性进展，农业农村现代化基本实现；到2050年乡村全面振兴，农业

---

① 中共中央关于全面深化改革若干重大问题的决定.人民日报,2013-11-16.
② 陈文胜.中国农村改革的历史逻辑.中国乡村发现,2017(5).

强、农村美、农民富全面实现①。这为从根本上打破城乡二元结构，构建新型城乡关系确定了路线图、时间表和任务书。因此，城乡一体化进入了由重点突破到全面推进阶段，开始了中国现代化向更高形态发展的城乡关系演进。党的二十大报告强调，坚持城乡融合发展，畅通城乡要素流动。按照马晓河等学者的观点，城乡发展的最终目标，是到中华人民共和国成立 100 周年时，资源要素能在城乡间双向流动，人口能自由迁徙，经济社会融合发展，城乡居民收入差距完全消除，经济社会发展水平达到高收入国家的中等水平②。

一个社会的公平正义，取决于制度底线的刻度。随着户籍制度改革的推进，农民工市民化进程加快，2016 年常住人口城镇化率达57.4%，以城镇为主的人口分布格局已经形成。更为可贵的是，从2012 年的 9 899 万农村贫困人口到 2020 年年底实现全部脱贫，全国832 个贫困县到 2020 年年底实现全部摘帽，是全球唯一提前实现联合国千年发展目标贫困人口减半的国家，也是提前 10 年实现联合国2030 年可持续发展议程确定的减贫目标的国家，创造了世界减贫史上的历史奇迹③。

由于新一轮农村改革直面焦点、难点问题，从城乡养老并轨、社会救助并轨到基本医疗保险并轨，从城镇常住人口基本公共服务并轨到户籍并轨。特别是从党的十五大提出使市场在国家宏观调控下对资源配置起基础性作用，到党的十六大提出更大程度上发挥市场在资源配置中的基础性作用；从党的十七大提出从制度上更好发挥市场在资源配置中的基础性作用，到党的十八大提出更大程度更广范围发挥市场在资源配置中的基础性作用，再到党的十八届三中全会提出使市场在资源配置中起决定性作用，继而党的二十大提出"充分发挥市场在资源配置中的决定性作用"。这种认识和实践不断推进了土地制度、

---

① 中共中央　国务院关于实施乡村振兴战略的意见. 人民日报,2018-02-05.
② 马晓河,冯竞波. 以制度供给为重点深入推进城乡一体化发展. 经济,2017(8).
③ 张远新. 中国贫困治理的世界贡献及世界意义. 红旗文稿,2020(22).

公共服务这两个最基本制度的变革：从征地制度并轨到城乡要素市场配置机制并轨，工与农、城与乡的界限逐渐打破，城乡二元结构的冰点正在消融、难点开始破题、底线加紧筑牢。

最值得一提的是，2015 年《国务院关于积极推进"互联网＋"行动的指导意见》发布，标志着中国正全速开启通往"互联网＋"时代的大门。官方数据显示，2016 年中国互联网上网人数 7.3 亿人，互联网普及率达到 53.2％，其中农村地区普及率达到 33.1％①。到2021 年互联网上网人数 10.32 亿人，互联网普及率为 73.0％，其中农村地区互联网普及率为 57.6％②。随着互联网向经济社会各个领域渗透，中国的经济发展方式正在快速地被改变，特别是革命性地改变了区域、城乡的空间距离，导致生产方式和流通方式发生历史性的变革，使一些传统行业直接跳上高科技快车道，无疑为中国的经济社会发展注入了前所未有的新动能。

纵观城市与乡村的发展进程，可以分为城乡分立、城乡对立、城乡融合三个辩证发展阶段。党的十九大报告从实现"两个一百年"的奋斗目标出发，提出坚持农业农村优先发展，实施乡村振兴战略，首次提出农业农村优先发展和城乡融合发展，明确把乡村振兴摆在一个前所未有的国家战略高度，实现了从优先满足工业化和城镇化到优先满足农业农村发展的又一个工农城乡关系历史转轨。2018 年中央一号文件进一步要求加快形成"工农互促、城乡互补、全面融合、共同繁荣的新型工农城乡关系"。这是党中央着眼于全面建成小康社会、全面建设社会主义现代化国家作出的重大战略决策，是针对城乡关系与农业农村现代化的发展趋势作出的战略部署，从而系统回答了如何实现全面现代化的重大时代课题：要建立什么样的新时代中国特色社会主义的工农城乡关系，怎样建立新时代中国特色社会主义的工农城乡关系，标志着中国

---

① 引自国家统计局发布的《中华人民共和国2016年国民经济和社会发展统计公报》。
② 引自国家统计局发布的《中华人民共和国2021年国民经济和社会发展统计公报》。

社会发展正在向城乡融合发展的现代化更高级阶段演进。

党的二十大报告再次强调"全面建设社会主义现代化国家，最艰巨最繁重的任务仍然在农村"这一重大判断，明确要求"加快建设农业强国，扎实推动乡村产业、人才、文化、生态、组织振兴"。这是坚持以推动高质量发展为主题加快农业农村现代化进程作出的战略部署，只有全面推进乡村振兴，加快建设农业强国，才能确保作为战略后院的农业农村有效发挥国民经济发展压舱石和稳定器的作用，使农业真正成为安天下的战略产业。

　　中国农业发展已经站在实现历史跨越的新起点上，由注重数量增长向关注质量安全转变、由生产导向向消费导向转变、由政府直接干预价格向市场决定价格转变、由单纯粮食安全战略向多重战略目标转变的战略转型关键阶段。因此，如何顺应新发展要求，调整农业发展思路，农业供给侧结构性改革就成为 2017 年中央一号文件的主题，并成为中国农业改革的主攻方向，以破解供大于求与供不应求的结构性矛盾，实现农业高质量发展。

　　笔者曾经在乡镇工作十四年，见证了改革开放以来中国农业农村所发生的一系列历史变迁，进入湖南省社科院工作后又专职从事"三农"问题研究十六年，从家庭承包责任的农村改革，到农业增长方式转变、农业发展方式转变，再到农业供给侧结构性改革、农业强国建设，对中国的农业发展进行了大量基层调研和长期跟踪研究。从 2016 年 9 月受邀参加中央农办每年举办的起草中央一号文件专家座谈会以来，对从农业供给侧结构性改革到乡村振兴的政策研究进行了多方面探究，包括在县级党委中心学习组、各级党校和高校的领导干部培训班以及在高校与科研机构进行的系列学术讲座，在期刊发表学术论文，撰写智库报告，凝结了笔者在实施农业供给侧结构性改革以来对中国农业发展的长期思考，但由于系列讲座大多是录音整理，而且不成体系，因而束之高阁。

　　党的二十大报告再次强调"全面建设社会主义现代化国家，最艰巨最繁重的任务仍然在农村"的重要判断，要求"全面推进乡村振兴，坚持农业农村优先发展，加快建设农业强国"，从而首次把"农业强国"纳入到社会主义现代化强国建设战略体系之中。借此机会，将一直以来围绕农业供给侧结构性改革进行的思考和研究所得，特别是系列讲座的录音进行整理。在兼顾学术性与通俗性方面进行了努力尝试，力求呈献给读者一个"让外行人看得懂，让内行人有共鸣"的"三农"读物。

本书能够顺利出版，要感谢湖南省社科院王文强研究员、蒋俊毅副研究员、湖南师范大学中国乡村振兴研究院博士后游斌、博士研究生汪义力帮助对录音整理进行全面梳理，要感谢湖南省社科院《毛泽东研究》编辑彭秋归对全书进行了校稿，要特别感谢中国农业出版社给予的全方位支持，尤其要感谢责任编辑的辛勤付出！

本书参考和引用了国内外众多学者的文献，在此表示衷心的感谢。由于时间仓促和水平有限，难免有错误和遗漏之处，敬请广大读者和同仁批评指正。

陈文胜

2022 年 12 月 18 日

图书在版编目（CIP）数据

中国农业何以强 / 陈文胜著 . —北京：中国农业
出版社，2023.1
　　ISBN 978-7-109-30342-3

　　Ⅰ．①中…　Ⅱ．①陈…　Ⅲ．①农业发展—研究—中国
Ⅳ．①F323

中国国家版本馆 CIP 数据核字（2023）第 002396 号

ZHONGGUO NONGYE HEYIQIANG

中国农业出版社出版
地址：北京市朝阳区麦子店街 18 号楼
邮编：100125
责任编辑：刁乾超　任红伟
版式设计：王　怡　责任校对：刘丽香
印刷：北京通州皇家印刷厂
版次：2023 年 1 月第 1 版
印次：2023 年 1 月北京第 1 次印刷
发行：新华书店北京发行所
开本：720mm×960mm　1/16
印张：11.5
字数：160 千字
定价：58.00 元
